减法的奇迹

卢熠翎 著

湖南文艺出版社
博集天卷

©中南博集天卷文化传媒有限公司。本书版权受法律保护。未经权利人许可，任何人不得以任何方式使用本书包括正文、插图、封面、版式等任何部分内容，违者将受到法律制裁。

图书在版编目（CIP）数据

减法的奇迹 / 卢熠翎著. —— 长沙：湖南文艺出版社，2022.7
ISBN 978-7-5726-0714-1

Ⅰ.①减… Ⅱ.①卢… Ⅲ.①人生哲学—通俗读物 Ⅳ.①B821-49

中国版本图书馆CIP数据核字（2022）第089881号

上架建议：心灵成长·励志

JIANFA DE QIJI
减法的奇迹

著　　者：卢熠翎
出 版 人：曾赛丰
责任编辑：匡杨乐
监　　制：邢越超
策划编辑：李彩萍
特约编辑：张春萌
营销支持：周　茜
装帧设计：利　锐
封面插画：moon
出　　版：湖南文艺出版社
　　　　　（长沙市雨花区东二环一段508号　邮编：410014）
网　　址：www.hnwy.net
印　　刷：三河市中晟雅豪印务有限公司
经　　销：新华书店
开　　本：875mm×1230mm　1/32
字　　数：183千字
印　　张：8.75
版　　次：2022年7月第1版
印　　次：2022年7月第1次印刷
书　　号：ISBN 978-7-5726-0714-1
定　　价：56.00元

若有质量问题，请致电质量监督电话：010-59096394
团购电话：010-59320018

幸福的减法

张德芬

为什么我们在拥有那么多之后，还是不快乐？

谈到幸福，很多人觉得人生需要不断累积，等累积到一定程度后，也许从此就可以快乐幸福了。对此，我有和一般人不同的观点：幸福不是加法，而是减法。

你愈能够剪断囚禁你的欲念，一层层穿越内在枷锁，便愈能清晰感受到自在解脱的滋味。这与本书作者的观点如出一辙。

我在自己人生的旅途中，对这一点体会特别深。当年我就是想搞明白人为什么拥有了这么多却不快乐，所以走上了内在成长的道路。如今，我更愿意享受简单的生活，和大自然相处，吃简单的食物，和宠物相处。在简单的生活中，感受当下纯然的自在和幸福。当这颗心静下来，不再追逐、不再造作，内在的执着和烦恼便自然消逝了。

断舍离是为生活做减法，也是为心灵留白，为收获更多的人生幸福积蓄内在力量。

关于断舍离，在本书中，作者卢熠翎不仅从更深层的理论角度，为读者提供了新的思考维度，还从理论延伸，提供了具体可行的实操方法，让读者在理解断舍离背后心灵意义的同时，在生活中切实修行"少即多"的内在成长哲学。

幸福的减法，就是在断舍离的过程中，一步步觉察自我、发展自我，放下"多就是好"的执念。最后，愿大家都能在"减法的奇迹"中，回归内在最本真的部分。也许你想要的一切，一直在出发的地方等着你。

人生常常是一个悖论，寻觅的是快乐，得到的是烦恼，寻觅的是自由，得到的是锁链，大体如是。此书为此而著，告诉我们如何做自心的主人，进而成为命运的主人，初看似念头管理手册、欲望清理指南，其背后却有轴心时代的大智慧，是当代人的幸福哲学与生活之道。

——闻中（中印古典思想研习者，宗教学博士，《梵·吠檀多·瑜伽——印度哲学家维韦卡南达思想研究》作者）

人性有贪婪的一面。凡可克服贪婪的人，都会领悟到减法生活的妙处。《减法的奇迹》一书，开示了有序生活的密码，会帮助每一位读者增加精神的负熵，提升内在秩序的审美体验。

——李明（中国叙事疗法奠基人，北京林业大学心理系副教授，医学博士，哲学博士后）

目 录

第一部分
拥有越多就会越幸福吗？
喜悦背后的心灵法则

01 你的内在是混乱的，还是有序的？ | 004
　　什么是心流和精神熵？ | 005
　　让你的意志力成为钻石而不是石墨 | 007
　　五种力量让你的内在更强大 | 009
02 极简主义驱动真正的快乐 | 015
　　通过放下能获得快乐吗？ | 017
　　掌控生命的品质 | 021
　　功课　由舍到得的尝试 | 024
03 快感不是快乐，喜悦不是欲望 | 025
　　欲望的自我增长机制 | 026
　　不要把快感当成快乐 | 029
　　进入内在快乐的方式 | 032
　　外化欲望的心魔释放法 | 034
　　功课　反思自己的贪、嗔、痴 | 036

04 从买买买到活在当下 | 037

  谎言消费主义 | 037

  拥有 ≠ 快乐，内心的快乐是一种来自内在的体验 | 042

  功课　极简身心清理必要性测评 | 045

第二部分

快乐极简秘籍：
清理身外之物

01 外物由心造，从物品开始清理 | 051

  清理外在空间，直至赏心悦目 | 052

  清理你对物品的执着和不舍 | 058

  清理身外之物的六个原则 | 063

  物品清理的进阶方法 | 066

  功课　怦然心动的整理法 | 079

02 难以割舍的物件里，有你怎样的情绪？| 080

  购物车延迟法：遏制不理性的购物需求 | 081

  "舍"的重要方法和原则 | 082

  内在源头释放法：告别难以割舍的物品 | 087

  功课　断舍离的内在源头释放法 | 090

03 用好的能量影响身边的人 | 092

　　带家人做极简清理 | 092

　　带同事、室友做极简清理 | 099

　　功课　黑箱子整理法 | 101

第三部分

身心轻盈了，
清明的头脑还会远吗？

01 你的身体越轻盈，内在越快乐 | 105

　　负熵的饮食起居 | 107

　　轻断食的践行 | 114

　　功课　制订负熵食谱和运动计划 | 120

02 从注意力碎片化的风险中脱身 | 121

　　如何做注意力的断舍离？| 123

　　功课　累赘信息大扫除 | 131

03 清理内在心结，让你心无挂碍 | 133

　　如何做到心无挂碍？| 134

　　如何回收我们的心力？| 136

　　功课　意象完结法：内在的心结清理 | 144

04 管理你的时间，告别懒惰拖延 | 146

　　　超级时间管理法 | 146

　　　对抗拖延症：拖延是对惰性的一种纵容 | 159

　　　改变拖延的八大方法 | 165

　　　功课　来自未来的"BOSS" | 169

05 活在当下，拥抱正念 | 171

　　　人会痛苦的根本原因 | 171

　　　如何正念修行？ | 176

　　　功课　镜中观照释放法 | 185

第三部分

告别旧关系负累，
与新的自我相逢

01 越深越多的关系，对你的消耗也越大 | 189

　　　关系最消耗心力，但又是必不可少的 | 190

　　　人际关系金字塔 | 191

　　　人际关系的升级和清理 | 193

　　　强关系和弱关系 | 195

　　　亲密关系也需要极简 | 198

　　　　功课　人际关系金字塔清理法｜204

02 放下对他人认同的渴望，收回自我的力量｜205

　　　　内在不再受外界的是非、价值观操控｜207

　　　　我们如何把这种对认同的渴望释放掉？｜214

　　　　功课　把别人对你的评价交还回去｜219

第五部分

调至正向频道，吸引丰实未来

01 用怎样的加速度突破人生惯性？｜224

　　　　生命都有终点，勇敢活出真正的自我｜227

　　　　突破人生惯性：做自己的倒计时沙漏和遗愿清单｜229

　　　　突破人生惯性：做和过去告别的仪式｜231

　　　　功课　设置仪式空间｜237

02 调整频率，连上幸福的信号｜238

　　　　好状态是吸引力法则的精髓｜239

　　　　了解心灵的能量层级，提升自我的状态｜242

　　　　修身才能齐家，每日对自己的状态调频｜244

　　　　功课　进入临在状态｜253

03 相信你不敢相信的，实现自己的愿景ㅣ255

  自我的维度ㅣ255

  设置自己的人生愿景板ㅣ259

  功课　种下你自己的人生愿景ㅣ263

第一部分

拥有越多
就会越幸福吗？

喜悦背后的心灵法则

一个人如何才能成功、快乐呢？我们需要了解一个重要的概念，那就是内在的有序程度。

当代世界，因为信息爆炸、时间碎片化，再加上生活节奏太快，片面看重外在物质，人的内在无序性和混乱度大大增加。其表现为：决策力下降，注意力缺失，心力不足，焦虑、压力上升，拖延、懒惰加重，对未来缺少目标，行动力大幅度下降，自我控制和管理能力不足，幸福感下降。

当一个人的内在有序程度下降，甚至达到混乱的地步时，他会发现不光很难改变自己的命运，很难实现自己的目标，行动力变得极其衰弱，甚至连起床和睡觉都变成了一件麻烦的事情，情绪也更加飘忽不定。这是因为我们的内在混乱度越高，我们就越容易被那些贪、嗔、痴拉扯，这样一来，想要成功，想要让生活变得不同，想要设定和实现自己的长期目标，都会变得力不从心。

在这种情况下，哪怕是不停地购物，拥有很多物质财富，拥有令人羡慕的地位和人脉，仍然会觉得幸福离自己很遥远。这是因为内在的情绪机制、欲望机制、头脑中纷飞的念头等，仍然会让人处在各种关于过去和未来的烦恼中，处于各种比较、嫉妒、担心中，而无法处于当下。

因此，在人生的某一个阶段，我们想要通过更多的收获来达到自己内外的成功，获得快乐，并且证明自己，但是，我们终究还是需要走向内在成长、内在觉悟和升级的道路。

当内在混乱度下降，内在变得有序时，人才会体验到更加清明的、内发性的喜悦感、幸福感，同时也会拥有更强的意志力、更强的行动力、更有效的决策力、更少的纠结、更高的行动效率，对未来的期待和希望也会变得更加积极正向，在人际关系中，也会处于一种开放和良性的状态。

01
你的内在是混乱的，还是有序的？

享乐并不是自然选择的一种机制。从生物演进的角度来看，人类之所以能够生存到现在，是因为大自然筛选出独特的生存机制，来确保人类在地球上的生存繁衍。但是，这种生存机制中并没有提升幸福的机制。人类享受快乐的时光都是转瞬即逝的，所以我们先天的基因并不能保证幸福感长期存在，取而代之的是焦虑感，我们总为自己的生存而焦虑。

理解这个观点很简单，一个物种能够战胜其他物种，管理整个地球，靠的肯定不是先天存在的幸福感，而是焦虑机制。大自然选择让我们更倾向于不满足，倾向于感受到焦虑，想要再去做点什么的念头让我们没办法停下来，总觉得再获得点什么就可以快乐，但是这个快乐永远没有办法得到。

从社会学的角度来看，人类从出现到现在，物质力量增强了不止千万倍，但是内心体验并没有得到明显的提高。社会的进步和人类的幸福感之间没有必然的联系。在动物界也是如此，大马哈鱼溯江而上，产卵完毕就死去，因为自然选择的机制不是为了让它们快乐，而是为了让它们生存下来。

所以，如果你想要通过满足感官的欲望而得到快乐，那快乐必然是极其短暂的。放纵贪婪、享乐、囤积的欲望去追求快乐，还会产生一个负面影响——我们的精神熵会不断增加。

⇒ 什么是心流和精神熵？

积极心理学奠基人、"心流"理论之父米哈里·契克森米哈赖，写了包括《创造力：心流与创新心理学》《发现心流：日常生活中的最优体验》在内的很多畅销书。他告诉人们，"心流"是指我们在做某些事情时，那种全神贯注、投入忘我的状态，在这种状态下，事情完成之后，我们的内心会升起巨大的喜悦感。米哈里发现，当心流来临时，人的心智会摆脱混沌状态，变得更加澄澈。因此，经常体验心流的人能获得更大的成就。就像某个攀岩专家说的，完美的自我控制，会让身体发挥极限，当回顾自己在这种状态下所做的一切时，你会觉得无比自豪。

经常体验心流的人，内心常常感到宁静喜乐，心流是最接近幸福的状态。

心流的反面，就是内心失序，也就是精神熵比较大的状态。

减法的奇迹

"熵"是热力学里的概念，指一个系统的混乱度。一个系统越无序、越混乱，它的熵值就越大；一个系统越干净、越简单、越有序，它的熵值就越小。

一个孤立的系统，如果不去跟外在的环境做能量交换，它的混乱度就会自然而然地增加，它会越来越无序，乃至变坏，这就是熵增理论。就像一幢房子，如果不去维护它，它就会变得脏乱、腐朽，总有一天会垮塌；像一座桥梁、一辆汽车，都会慢慢变得老旧、坏损。

精神熵，顾名思义就是人内在精神世界的混乱度。物质世界的系统在不增加任何能量的情况下会变坏，我们的精神世界也是如此。精神熵增的意思是，一旦缺乏足够的管理或者维护，人的精神状态就会自动自发地趋于混乱、涣散、无序，同时情绪会崩溃，行动力也会大大减弱。如果把人比喻成一个有硬件、软件的机器，精神熵增的状态就如同电脑、手机越用越慢，越用越卡，甚至是中病毒。

如果没有意志能量，无法持续地学习、自我要求，没有更多的动力注入，人自身的状态就会持续地变坏。即：在不受任何干预的情况下，人的状态会向更差的方向发展，觉知会变得更差，精神熵不断增加。我把它形容为"习性的地心引力"原理，人的固有习性在内在系统中会像地心引力一样，向下拉扯着我们。人在这种情况下会逐渐趋于动物性，变得更加贪婪，容易嗔恨、怀疑、昏沉、嫉妒、愤怒、报复，这都是精神熵增加的表现。

物质熵的减少，需要不断吸取外界的能量。因为外界的能量是负熵，会抵消物质本身的正熵。就像地球之所以越来越有秩序，文明之所以不断演进，是因为植物在吸收太阳的能量，人类在运用燃料、矿物质的能量。一个系统吸收了负熵以后，它自己的熵就会减少，这个系统就会变得更加有序、有组织、结构化。

生命体就是以负熵状态而存在。凡是生命自由的都处于负熵状态，是有序的。这种生命的自由有序是建立在外在的无序上的，也就是我们需要不断地去获得能量，要吃东西，要吸收阳光、水、空气，要排泄废物，来让我们这个有机体变得有序，从而达到一种能量的守恒。

因此，我们要在"熵"后面看见两股力量：一股是熵自然增长的破坏力，也就是变坏的力量、破坏的力量、毁灭的力量；另一股是生长的力量。宇宙、生命都由这两股力量控制着，一股让我们毁坏，另一股让我们生长。

⇒ 让你的意志力成为钻石而不是石墨

精神熵的本质是我们意志的结构性。

举个例子，碳是地球上储量最丰富的元素之一，石墨和钻石的原石金刚石都是由纯碳组成的，可是为什么它们看起来完全不同呢？它们的颜色不一样，坚硬程度也不一样，究竟是为什么呢？

原来，石墨和金刚石当中的碳原子确实一模一样，但排列结构不相同，这就造成了它们完全不同的外观和属性。石墨中的碳原子是层叠结构，金刚石中的碳原子则是一个立体堆加的结构。两者相比，石墨更容易毁坏，更难保存，金刚石则非常坚硬。也就是说，金刚石更加有序，它的熵值更低。

通过这个例子，可以推导出一个我自己研究的理论——**精神熵的钻石原理**。它有以下几点结论：

第一，普通的原子结构经过加压、加热，形成了更加牢固的原子结构，原子并没有变化，但原子的排列结构发生了变化，熵值也随之变化。

第二，石墨变成钻石很难，但是一旦变成钻石，就不容易逆转，也就是说，熵从量变到质变是一个跃迁。

第三，根据我的观察与研究，人的意志力也有类似物质的分子结构。不同的人，思维的能量是一样的，但是它的结构性、有序度、自控力不一样，熵值就不一样。同样的意志力、同样的消耗，不同的人因为思维结构不同，就导向不同的人生。

第四，精神熵也需要增加能量，才能产生精神熵的跃迁。也就是说，虽然贪、嗔、痴会影响我们每一个人，就算到了更高的境界，也会有贪婪、懒惰、嫉妒等问题，但是在一个更高的轨道上，我们更容易修复自己的精神状态。

所以，精神熵的高低，决定了一个人能否进步、改变、成功。我们对待自己的精神熵，就如同要把石墨变成钻石一样，要给它增加能量。不是增加一点点能量就能把石墨变成钻石，而需要高温、高压、强度、时间。对精神熵也一样，我们要给自己注入强大的意志力、能量、自控力，才能使之产生量变到质变的跃迁。

⇒ 五种力量让你的内在更强大

精神熵的跃迁即精神熵变得更小。

我研究了很多成功人士，他们有的是商人，有的是政治家、艺术家、明星、运动员，我发现决定一个人成功与否的，不是金钱，不是出身、学历，甚至不是智商、情商，而是精神熵！

精神熵包含五种原力，这五种原力决定了一个人能否成功。

第一种原力是**信念力**，即运用信念的力量，你是否相信未来，能否运用你内在的能量，能否运用愿景的力量。

成功的人信念力都很强，强到可以感染别人，能够让别人追随他的信念，这就是领袖。领袖不一定要亲自上场，但他有极强的信念。

让自己完全相信一件事能做成，相信某一种力量，相信某一种结果，都会让你的内在精神世界产生巨大的推动力。人的内在如同一套软件系统，人的骨骼、神经、器官等如同硬件系统，软件系统的调试和优化，能把硬件系统的潜能发挥到极致！

第二种原力是**自我驱动力**，是你独立思考、独立判断、自我负责、自信、抽离自我去观察和修正自己的力量。

自我驱动力强的人有个特质，就是慎独。他不需要别人监督，而可以自我监督、自我修复和调整。有了目标以后，他会多加思考，不断提升自己。自我驱动力能够确保一个人不停地成长、修复自己。

我们在未成年的时候有监护人、老师管理和教导我们，但是成年以后，这些约束力减少了，自我驱动和自我监督的力量的不同导致人的分化开始加剧。每天的时间是用在放纵、享乐、躺平上，还是用在朝自己的未来目标努力上，短时间内的区别是不大的。但是，把时间拉长到数年、数十年，就会发现人和人之间巨大的、无法追赶的差距。

第三种原力是**意志力**，是表达自己的目标、感想、愿景，去实现目标，对抗压力和挫折，敢于冒险，对抗逆境，能够感染、影响、感召别人的力量。

意志力坚强的人不会被逆境、失败和别人的眼光打倒，因为他们是以自我内在为中心的。

第四种原力是**专注力**，是想要去做一件事情的时候，能够投入、聚焦，心神不散，有持久的热情的力量。

这也是米哈里所说的心流，即当我们从事一件事情的时候，可以达到忘我的境地。这种忘我是带来享受和快乐的，能够使我们忘掉其他所有的东西，沉浸其中。当你有这份专注力的时候，你做什么事情都能够成功，你会变成专家，因为你投入其中，你

第一部分
拥有越多就会越幸福吗？喜悦背后的心灵法则

会做得比任何人都好。

每天带着痛苦、功利的心态迎接生活和工作的人，很难变得卓越，因为这只是一种苦行般的折磨。相反，带着喜悦、专注、无穷的乐趣，才能真正地成就一个人。

第五种原力是**修复力**，是自我管控、自我约束、自我调整、自我激励，使人保持情绪平衡、人格稳定的能力。

修复力确保人基调稳定，不会被一些小挫折打败，不会因为一些观点而垮掉。对于自我修复力强的人，每次的挫败都会让他变得更强。如同希腊神话里的安泰，每次倒地都能吸取大地的能量，变得更加强大。

当一个人的五大原力都平衡发展时，他一定会成功。

那么，如何运用这五大原力呢？众所周知，在精神世界和物质世界都有两种力：

一种是上升的力，我们吸取外界的能量，让自己变得更好，让精神熵的五大原力得到持续的滋养和平衡。

另一种是向下的力，就是我们前面提到的"习性的地心引力"，当我们被这些负向的、混沌低端的能量拉扯的时候，我们的五大原力就会收缩。你会不相信未来，觉得这个世界没有办法改变，信念力不足，失去独立思考、判断的能力，没有办法抽离自身、审视自己，变得更加从众，别人说什么就是什么，自我驱动力不足。你会发现你没有办法设置目标，也根本不相信目标可以实现，就算勉强设定了一个目标，也坚持不了几天，遇到挫折马上就打退

减法的奇迹

堂鼓,这就是意志力的退行。你没有办法专注,看不进去书,心没有办法静下来,唯一可以沉浸其中的就是那些消耗精力的娱乐项目,没有办法自我调整,没有办法自我激励,情绪会暴躁、烦乱。

被贪婪、嗔恨、怀疑、愤怒等原始欲望牵引的时候,精神熵的五大原力会不断缩小,精神熵会不断增大,让人拖延、焦虑、烦躁,强迫症似的看手机上瘾、暴食,没有办法控制自己。易怒、贪婪、嫉妒、懒惰、找借口、失望、绝望,等等,这些杂乱、混乱都是精神熵增大的表现。

记得我有个同学分享说她曾经就是个焦虑、暴躁的人,而且由于给孩子施加了太多的压力,上初中的女儿得了抑郁症,出现自残倾向,每天把自己关在房间里,他们夫妻只能晚上悄悄地把吃的东西放在女儿房间门口,也不敢去问女儿吃了没有。后来这位妈妈通过学习、上内在成长的课,个人状态开始变化了。

令人惊讶的是,她女儿抑郁的症状也随着妈妈状态变好而慢慢减轻了,愿意与人交流了。后来,她让女儿学习关于极简清理的网络课程,女儿也愿意配合,把如同垃圾堆一样的卧室整理得焕然一新。女儿特别高兴,每天早晨起床后的第一件事就是开心地打开窗帘,让阳光照在干净、简约、整洁的房间里。没多久,女儿的抑郁症也好了。

一个人如果精神熵太大,就没有办法驾驭好自己命运的船,因为他连舵都把握不好。有的人连准点起床、准点睡觉都做不到,就更别说去实现更大的计划和梦想了。一个人精神熵大了以后,

第一部分
拥有越多就会越幸福吗？喜悦背后的心灵法则

他便开始真正地衰老——心理的衰老急速加剧身体的衰老，因为他的气、能量都已经泄了。相反，如果能够调整自己，让精神熵不断下降，五大原力不断回升，人就会变得年轻。当你的状态越来越差时，那是因为你的精神熵值变大了，没有外力的补给，没有意志力的加持，没有给自己做足够的清理，你的状态就更趋向于底层、原始、堕落。

我以前有个同学，他上学的时候就不专心，上自习课时经常一会儿拿出英语单词背几分钟，一会儿翻翻历史课本，一会儿又做两道数学题。看起来很用功，没少忙活，但总是不出成绩。后来毕业参加了工作也没有什么改变，做事情总是三分钟热度，频频跳槽，不知道自己真正喜欢的是什么。

同学会见面聊起他的苦恼，我提醒他可能是精神熵的几大原力不行，导致精神熵变大，自身越来越混乱。他后来学习了身心大清理的课程，逐渐克服了"向下的力"。近来听闻在事业上小有成就，已经荣升公司中层管理者了。

不过，我们看别人的成功故事很简单，换了自己就非常困难，因为我们的精神熵与"取得成功"所要的熵不匹配，我们只会被动地追随"习性的地心引力"，追随向下的力量，毕竟向下可比向上容易多了。

正因为精神熵自有惯性，它会自我增长，所以我们要有日常的坚持、坚守，要维持秩序，每天进行自我清理，不能松懈。

媒体人吴伯凡分享读《心流：最优体验心理学》的心得体会时说："当我们的精神能量与目标处在一种有序的状态的时候，我们就处在低熵的状态，我们不断挣扎着要摆脱懒惰、惯性和社会对自己的束缚，貌似是在跟外界战斗，但本质上我们是在和精神熵增做对抗。"

我们之所以经常感到不快乐，也是因为精神熵增导致的混沌、无序把我们的心智能量耗散了。并且，一个人的心智能量就那么多，因为各种各样的刺激、享乐，把心智分散到了没有实际作用的地方，就会导致无法降低精神熵。

房子都要经常打扫，对我们的内心却从来没有想过要做清理，这也舍不得扔，那也舍不得扔，将各种垃圾滞留在心里、头脑里，这是精神熵增加的一个非常重要的原因。

在这种状态下，很多人用代偿的方法来缓解不快乐，一种是享乐，一种是刺激。享乐和刺激就像洼地里的水，没有流动性，只能让人感到短暂的快乐，无法带来低精神熵的有序和内在真正的幸福快乐。

只有极简身心清理，才能使我们拥有给予自己幸福和快乐的能力，因为它的核心是帮助我们建立身心秩序。它教我们清理自己的物品，清理自己的身体，清理自己的内在，清理自己的杂念。在这之后，我们才更容易进入高效、专注、享受的心流状态，进入幸福、快乐的内在空间。

02
极简主义
驱动真正的快乐

谁是世界上最快乐的人?对于这个主题,媒体好像一点也不感兴趣,它们感兴趣的是谁是世界上最富有的人,福布斯富豪榜上谁的排名又提前了几位,谁又被挤下了几位,谁掉出了富豪榜的前10位……从来没有媒体去统计过,谁是这个世界上最快乐的人。

理查德·戴维森(Richard Davidson)博士是美国著名脑神经学家,威斯康星大学麦迪逊分校的心理学和精神病学教授,也是健康头脑中心的创始人和主任。他以情绪和大脑的开创性工作而闻名。2006年,《时代》杂志将戴维森评为"全球100位最具影响力人物"之一。

马修·理查德(Matthieu Ricard)是一名僧侣。他曾经是位生化学家,26岁那年获得博士学位以后,选择放弃科学研究,到不丹研究藏传佛教,后来他应理查德·戴维森的邀请,参与冥想与大脑活动关系的研究。

戴维森在理查德头上装了 200 多个传感器，发现当他借由禅修冥想来培养慈悲心时，他的大脑会发出震动很强烈的伽马波。人脑的伽马波是由脑部额叶和顶叶联合皮质区的活动引起的，而这些区域与人类的情绪和快乐相关。

理查德说既然快乐决定了生命中每一刻的品质的优劣，最好去全盘了解并明确界定它。对快乐的不求甚解，会导致我们虽然追求快乐，却常常与它背道而驰，想要避开苦难却向苦难直奔而去，这正是我们很多人的现实写照。

他还说，幸福不止于享乐的感觉，而是内心的深度平静和圆满，那是一种在所有幸福、喜悦、痛苦等情绪中都存在的深层状态，即便在悲伤的时候也能体会到幸福。

2002 年，明就仁波切也参加了戴维森主持的实验研究，初学禅修的对照组人员脑中与快乐相关的主要区域的神经活动提升了 10%～15%，而明就仁波切在禅定中脑中的快乐指数跃升了 700%，一度让科学家以为仪器坏了。于是，他被美国《时代》杂志誉为"世界上最快乐的人"。

那么我们该如何追求快乐呢？大部分时间我们都在向外求，认为如果能够得到某些事物，满足一些条件，拥有一切就能快乐。"拥有一切就能快乐"这句话注定会毁灭快乐，因为"拥有一切"表示但凡你拥有得少一点，条件就不成立，你就不快乐了。所以我们需要把快乐的控制权收回来，认识到快乐的本质不是外在，而是头脑、身体和情绪的体验。**只有内在驱动的快乐，才真正属于自己。**

⇒ 通过放下能获得快乐吗？

大众普遍认为物质主义、消费主义能让自己快乐，比如拥有更多的金钱、不动产、地位、衣物、饰品、汽车、点赞、关注……**但是不断满足人的内在需求，并不能线性地增加内在幸福的程度，相反地，**物质主义、消费主义刺激了人的欲望，让内在更加**焦虑不安**。

和物质主义相对的，是极简主义（Minimalism）。极简主义的核心不是物质，而是自己的真实内在，所以极简主义者会考虑如何把重心放在当下，放在自己的内在，放在最重要的关系上，而不是被自己的欲望拉得团团转。

《极简主义》的作者乔舒亚，年纪轻轻就得到了令人羡慕的高职、高薪，20多岁就拥有了名车、豪宅，但令人诧异的是，他发现自己的幸福感并没有增加，反而经常感到焦虑苦恼。

后来乔舒亚的妈妈过世，他突然明白了人世无常、时间有限的道理。财富、名誉、地位变得不再那么重要，被人赞美、羡慕也变得不那么重要，他要去体验内在属于自己的幸福快乐，而不再跟随大众的眼光和判断标准。

他丢掉了家中90%的东西，只留下288件不可或缺的物品，开始极简生活。新的生活让他的内心开始充实，让他获得了前所未有的快乐和自由。

其实，看看我们身边的人，是不是也没有找到内在真正的快乐呢？我们被忙忙碌碌的生活、工作牵扯，每一天都过得重复又平淡；有经济压力、拼搏的压力；哪怕经济条件不错了，还是对未来充满担心，对他人比自己更好而心有不甘，总是想拥有更多；平时被海量的信息打扰，连吃饭、走路都放不下手机；有家庭、朋友、工作等各种关系需要维护，把我们的时间又分走了很多；亲密关系中的渴求、冲突、无奈，也时时刻刻揪住我们的内心。

我们的内在，仿佛有种声音：也许未来的某一天，我得到了什么，或者发生了某些特定的事情，或是我成了什么样的人，我就能够真正地快乐和喜悦。

因此我们为了完成内在这个声音的要求而努力，而烦恼，而焦虑……但是，我们都忽略了一个重要的因素，那就是我们把自己的生命、此时此刻的当下，视为一个问题。

我们感觉自己处在一个必须要解决很多问题的世界，除非这些问题都获得解决，否则我们就无法快乐，无法开始真正的生活，无法真正地放松。但是我们已经太熟悉了：某个问题解决之后，

第一部分
拥有越多就会越幸福吗？喜悦背后的心灵法则

另一个问题又出现了。

因此，有很多极简主义的践行者，通过另外一个方向，通过放下，通过做减法，通过舍得，去体验当我们放下内在不断增长的欲望和需求后，会发生的是匮乏，还是令人惊讶的不同的可能。

- 美国苹果公司创始人乔布斯崇尚极简，他的房屋里只有一张爱因斯坦的照片、一台桌灯、一把椅子、一张床。他会花大量的时间进行冥想、静心。如我们所知，他的产品也非常简单、干净，他设计出如此简约而不失美感的产品，就是他内在世界的反应。
- 日本的极简主义者佐佐木典士，把自己的生活记录成书——《我们已经不再需要物品——从断舍离到极小限主义者》，在日本掀起了极简主义的生活风潮。
- 在德国东柏林，女建筑师依娃，房间的摆设只有一张白色的床铺、一盏黄色的落地灯，除此之外，再无他物。她说自己宁可花 10 万美元去买一幅心仪的艺术家的画作，也不会花 4000 美元去买一台自己并不需要的平板电脑。
- 美国著名学者梭罗，只带了一把斧头，跑到瓦尔登湖边建了一间小木屋，一个人在里头住了两年两个月零两天，以验证他悟出的人生真谛——一个人能够满足于基本的生活所需，就可以更从容、更充实地享受人生。

减法的奇迹

- Facebook 创始人扎克伯格,身家上百亿美金,但他常年只穿黑色的 T 恤和牛仔裤,因为这样可以减少选择,减少心力的损耗,让生活变得更加简单。

这些人其实都是在做身心清理,他们不想还需要什么,而是反过来想什么东西是自己不需要的、可以去除的,然后把这些东西全部舍掉,让自己内在的心灵、外在的时间,通通最大化,让精神熵减到最小,让精神熵的五种原力变到最大。

我们内在的小我并不知道唯一可以让自己得到平静喜悦的时机就是此刻,我们总觉得快乐是在未来的某个时刻。当我们通过减法把内在的恐惧、欲望、焦虑清理到最少时,我们就会得到一种内在满足的平静,而这种平静,可以让我们焦虑的内心、小我得到放松。

由此,我们内在真正的声音、如何过好自己的生活的真实想法,这样的更本质的要求开始浮现出来。

当然,我们并不需要像某些极简主义者一样极端,把房子卖掉、把东西清空……但是我们可以学习其中的精髓,也就是放下对不断增长的欲望、安全感的追求,真正心无挂碍地去过自己想要的快乐生活。曾经想要拥有更多来获得快乐,但是我们现在发现,原来反其道而行之才可以获得快乐,那为什么不去尝试呢?

我看到网上有个例子:有个男生,几百件服饰、鞋子挤满衣橱,各种包包、电子数码产品也应有尽有，花了很多金钱和时间淘来的物件摆满了整个房间，但他在很长一段时间里，感到工作和生活都非常压抑，被医生诊断出有轻度抑郁和躁狂症的倾向。

后来看了《怦然心动的人生整理魔法》《我的家里空无一物》等关于极简身心清理的书，他告诉自己，人生要开始做减法了。他与原来99%的所谓的朋友断绝了往来，开始健身、调理，把拥有的物品也都做了清理。他的身体逐渐健康起来，人际关系良好，家庭幸福，还添了宝宝，有了自己的公司，实现了心灵层面的极简。

⇒ 掌控生命的品质

想要掌控生命的品质，首先，不能向基因屈服，不能跟随本能的贪婪、执着、混沌，因为本能的力量总是把我们拉向混乱。

第二，不要跟随所谓的感觉。在精神熵很大的时候，你的感觉都是混沌不清、错误的。跟随感觉，往往是在跟随混乱的、下坠的力量。

第三，不要跟随底层的欲望和所谓的快乐，不要跟着贪、嗔、痴走。人在低意识的时候，偏向于贪图身体感官方面的快感，越享乐，越懒惰，越无力。

第四，生命的品质在于控制意识的能力。我们的意识很弱小，潜意识却很强大，意识只能同时处理7种信息，人脑1秒钟内有意识处理的信息量约为126比特，也就是60个中文字的信息量。我们的注意力从海量的信息中挑选感兴趣的内容进行处理，但是绝大部分的内容并不会进入意识，而存在于潜意识里。

就像管理一个10万人的工厂，作为老板，你不可能知道每个人在做什么。人类的身体有上万亿个细胞，你更不可能知道它们在发生什么。我们控制自己的身体和意识，就相当于一位老板管理工厂，只能通过有效的成绩汇报等方式，管理控制各级干部、一线工人。

第五，我们需要更加自律。自律和规则是我们精神熵变小的加速器，我们必须成为自己的管理者和监督者。弗洛伊德的理论把"我"分成本我、自我、超我三部分，我们要加强超我，降低自己的精神熵，成为自己的约束者。

第六，不要从众。如果别人看短视频，你也看短视频，别人双十一抢购，你也双十一抢购，那么很有可能你已经掉到大多数人都无法摆脱的引力里面了。大部分人的觉悟都是跟随欲望走的，所以我们不能和大多数人一样，我们需要降低自己的精神熵，通过从事极简身心清理的生活实践，来达到自己内心的极大丰富和专注。

不过，身心清理的关键不是扔东西，而是看见之前为什么会有混乱的状态，为什么会有乱七八糟的并不需要的物品，为什么会贪婪地购买，需要意识到这是因为你的精神熵太大，内在心性

第一部分
拥有越多就会越幸福吗？喜悦背后的心灵法则

的混乱度太高。通过外在的清理、内在的调整，我们把自己调理得更加干净有序。内在有序，外在也会显化，看上去我们拥有的东西少了，其实我们拥有的更多了，我们拥有更高的效率、更强的执行力，更加能够去实现自己的目标。

――――[减法的奇迹]――――

功课

由舍到得的尝试

1. 在你的房间找一个想要淘汰、清理的物品。

2. 问问自己：这个物品为什么一直在这里？（答案或许是懒惰、视而不见、舍不得……）

3. 把这个物品处理掉，做个深呼吸。

4. 感觉自己可以同时清理内在的原因，比如说懒惰少了一点，舍不得少了一点，拖延、视而不见和听而不闻少了一点，想让自己的内在变得更加干净和简单。

5. 也可以用这个方法来处理多余的、不必要的选择和决定。

03
快感不是快乐，喜悦不是欲望

随着科技现代化的发展，现在市场上的商品极为丰富，寻找商品、支付和物流的便捷，也让人们的购物需求大大增加。例如，在食物方面，越来越多的零食、菜肴，不断刺激人们多吃，导致现在的人暴饮暴食、营养过剩的情况非常普遍。

随着互联网和电子产品的升级发展，以及娱乐和工作的虚拟化、电子化，人越来越脱离自然，过度使用手机、电脑、电视等智能设备，社交、沟通变得更加浮于表面，人和人面对面用心交流的时间变少了。

随着社会节奏的加快，知识迭代和商业兴衰速度的加快，物质更新、文明演进的加快，信息开始过剩，人们内心的焦虑、痛苦和不安全感也在加剧。

在便利度不断提升的同时，更多的人发现时间变得越来越破碎和紧缺，完整专注的时间变少了，人忙忙碌碌却很难进步。

这就是我们目前的生活图景。这一切是社会的问题吗？当然不是。是我们的内在和外在没有适配的问题。要解决这个问题，首先，我们要搞明白什么是欲望和欲望的机制。

⇒ 欲望的自我增长机制

人的欲望，不能简单地描述成"当我购买、拥有了某样东西后就会获得满足"，这仅仅是我们对物质的欲望。在精神层面，我们有想要被认同的欲望，有对被关注和被爱的渴望。我们为什么要发朋友圈，为什么很想别人来点赞、评论？如果我们发表的言论得到很多人喜欢、赞同，我们就会开心快乐。**其本质是我们在精神层面上也想要拥有更多，想要展现优秀的自己，想要得到别人的认同。**

通过购买满足欲望也好，在精神层面对爱、关注、认同的渴望也好，背后的深层心理动机都是**欲望的自我增长机制。**

欲望是人类的底层代码，人类就是通过欲望来扩张、演进、创造文明的。我们想要更多，我们获得了以后不觉得满足，所以才催生了世界的进步和迭代，催生了整个文明的演进。

欲望的本质是自我意识的扩张。一个人的物理存在看上去就那么一丁点，那他怎样变得更大呢？

第一，吃。吃能够让我们的形体变大，看上去便是自我扩张了。

第二，拥有。当我们拥有足够多的珠宝、香水、名牌包、车子、房子等物品时，就感觉可以触及的边界扩大了。我们还想拥有很多无形的东西，比如头衔、地位、别人的赞扬、关系，来让我们的自我意识变得更大。

这种想让自我意识变得更大的核心，就是欲望。所以，欲望的存在本身就不希望人能获得快乐和满足，只有让人不停地寻求、叠加、增长，才能实现它最原始的目标。

欲望的自我增长机制，满足了人类繁衍和进化的需求，确保了每个人不能超过这个系统的最大公约数，但是我们想要通过实现欲望来满足自己的这条路是行不通的，它只能带来短暂的快乐，同时却给我们带来更多的焦虑、渴求、不满，不可能带来长久的满足。如果我们不断追逐欲望，必然会产生更多的痛苦。如果我们还是按照自己的惯有模式，依据小我的原始动机，想通过外在的积累来达到内在的快乐，那更是不可能的。

欲望是通过荷尔蒙和神经反应的运作，产生一种神经反应，来实现它的功能的。所以用购买等行为来刺激多巴胺的分泌所产生的快乐，和抽烟、喝酒、吃东西所产生的愉悦，本质上是没有区别的。

用两个月的工资买了一台魂牵梦绕的手机，为什么会很开心呢？这种开心来自哪里？有人说开心是来自"我拥有了一个新东西"。但是拥有新东西不一定会开心，你拥有第一件玩具的时候很开心，但是当你拥有了和玩具城一样多的玩具时，再买一件玩具，怕是什么感觉都没有。

那么，快乐和愉悦的感受到底来自哪里？这就是**大脑的奖赏机制**——并不是因为购买、获得、拥有产生快乐，而是整个神经系统让你获得快乐的感觉。它的运作原理是：**当我们有一个期待，并且这个期待被满足后，我们的大脑就会产生一个刺激点，这个刺激点会促进多巴胺、内啡肽等化学物质的分泌，我们就会感觉到愉悦、激动、开心。**但如我们所知，欲望是会自我增长的，当满足了这个刺激以后，欲望的期待值会上升；期待值上升以后，就算再获得与之前同样的刺激，你也不一定会开心了。

所以最痛苦的是，拥有很多东西、很多金钱，甚至应有尽有后，却很难再获得快乐，因为你的期待值已经被提得太高，无法得到满足。

人会对烟、酒、赌博上瘾，甚至对毒品上瘾，明知道是条不归路，但仍然没法戒断，也是因为他们的期待值已经没有办法再提高了，或者说控制神经系统激素分泌的毒品对大脑和神经系统的刺激太强大了，当人体验过那种极致的刺激以后，人世间其他的刺激——通过获得、拥有、成就产生的快乐，已经没办法再让他觉得兴奋、愉悦了。

第一部分
拥有越多就会越幸福吗？喜悦背后的心灵法则

⇒ 不要把快感当成快乐

到底什么才是真正的幸福快乐？

曾经有人对诺贝尔奖获奖者做了一项调查，问他们在获奖后的感受，这些科学家、学者说获奖的那一刻非常幸福；过了一年再次访问他们，对他们获得诺奖的幸福指数进行评估，发现有些人的幸福指数不仅没有上升，反而下降了。

生活当中我们最常遇到的是，你特别期待一件事情发生，比如取得非凡的业绩，挣大把的钱，买奢侈品，去欧洲旅行……当你真正实现这些梦想、拥有这些东西的时候，你会发现那一刻并没有想象中那么快乐。

为什么我们认为达成某个目标就会快乐？为什么达成之后反而不快乐？

因为欲望的期待值是不断提升的，你拥有的越多，欲望满足所产生的效果也就不断降低。

- 比如，当你还没进入一段亲密关系的时候，你可能会觉得只要你们能在一起，你就一定会永远幸福。但是，一旦关系确立了，或者进入婚姻了，你就可能发现，曾经你那么珍视的关系的吸引力突然下降了。
- 又或者，你曾经月薪6000元的时候，觉得只要月薪到了1万元你就会喜悦了，但等到了这一天，没过多久，你就会觉得这个薪水很正常了，甚至还会发现很多你看不上的同事薪水竟然比你高。于是，你会重新把你的目标调整到月薪 3 万元，可等到再次实现的时候，你会觉得月薪 10 万元才是个比较合适的数值。

- 有的时候，我们的欲望也会变形，伪装成其他的样子，比如追求灵性优越，追求比别人更正确，追求更高的地位……

还有一点是很有意思的，就是这种欲望的满足感还伴随着独特性的需要，即我们渴望自己拥有的足够多，但是其他人最好不要和我们一样，不要超过我们。

比如，你有钱，但是你身边的朋友、同事每个都有钱，甚至比你更有钱，你的自我满足感就无法增加。当我们遇到比我们优秀、有钱、有智慧、成功、美丽的人时，我们的内在常常会感到痛苦，因为和他人相比，自己仿佛变小了，自己拥有的变少了，虚拟的自我满足感也就缩减了。也就是说，虽然你拥有了很多，但是只要你发现你不是优越的、独特的，你新的不满、欲望、目标就会升起，但快乐不会升起。

所以，我们要去寻找一些可以固定拥有的，不被物质影响、转移的快乐。

快感是什么？快感是让身体、神经产生兴奋的感觉，比如性满足、受到赞美、吃东西，都会让人产生快感。

追求快感会令人上瘾，所以我们会暴饮暴食，会有烟瘾、酒瘾。

第一部分
拥有越多就会越幸福吗？喜悦背后的心灵法则

有人减肥减不下来，是因为快感会增强固有的神经记忆，让人变得越来越贪吃。快感通常很短暂，因为荷尔蒙不可能 24 小时都分泌，当激素褪去，人又感觉到空虚和匮乏，想要拥有更多。

消费带给人的也是一种快感。有人虽然学习了断舍离，把家里一些不必要的东西扔掉了，但是没有断掉购买的欲望，于是又反复购买，重复体验那种购买的快感，让大脑过瘾。

我们很容易把快乐和快感混为一谈，觉得得到了某样东西，达到了某个状态，就会幸福快乐，但快乐并不是通过满足欲望来获得的。

快乐是一种内心管理的状态，也就是说，我们先要降伏内心，能够管理、控制自己的心性，才能得到快乐，而不是纵容贪、嗔、痴的那个小我运作和欲望增长。快乐更像是一种附加品，一种过程，一个状态，而不是一个目的。

我记得有一次去一个朋友家里做客，他的家称得上豪宅。他告诉我，住上别墅曾是他的梦想，但是当他买下这幢别墅，把它装修好，走进这座豪宅，观赏完每个房间、每个角落时，兴奋感、愉悦感就消失了，他的脑海里马上产生一个新念头：其实这座房子所处的地段也不怎么样，我能不能再买一座更好的房子？

所以你看，我们只有进入内心状态的管理，才能让快乐变成一种持久的、仿佛是一直跟随你的品质，否则你只会被层出不穷的快感和欲望轮番操纵。

⇒ 进入内在快乐的方式

第一，放下过度的对物欲的执着，也就是少欲。欲望过多会导致我们跟随内在的小我，跟随人类最底层的动力去思考、行事，最终会迷失、痛苦。

第二，随缘、惜缘、得失随缘。当我们很渴求或者很排斥一些东西时，我们就没法进入快乐的状态。要知道，人都有生老病死，所有得到的东西最终都会失去。占有的更多，贪浊的心就会被喂养得更大，痛苦感也会更大。所以要及早学会放手，学会减负，让自己的内心变得轻盈。

第三，珍惜时间，努力。减少欲望，并不是我们就什么事情都不做了，而是要努力，要珍惜，享受生活本身，只是内心的执着不要再那么重。就像一个去游乐场的游客一样，你可以畅玩每个游戏，但是你不可能把游乐场带回家。

第四，感恩。我们如果每天都处在感恩的状态里面，感恩那些好的或者看上去不怎么好的事情，感谢爱我们的、恨我们的人，就会很容易进入快乐的状态。小我是欲望导向，我们要不停地训练它，让它放松，让它知足，懂得感恩。

第五，活在当下。你真的品尝过食物吗，你有认认真真地去闻它的味道，用你的味蕾去体味每一口的感觉吗？还是每次吃东西的时候都狼吞虎咽？你真的跟家人、朋友亲密相处过吗，观察过他们的每一个动作、每一个表情吗，发自肺腑地欣赏过他们吗？活在当下的意思，就是把我们的注意力放在自身的每一个瞬间，通过感官、心灵去切切实实地感知它。

这些进入快乐状态的方式，看上去很简单，但其实是需要高强度训练的，因为大部分人都很难意识到问题所在并做出改变。我们太熟悉自己的旧模式了，我们的欲望和我们自身混在一起，没有办法被区分出来。

你暴怒的时候，可能会做出出格的行为来伤害别人，事后可能会自责当时为什么那么疯狂，为什么对孩子、伴侣发那么大的脾气。这就是因为你被最原始的欲望控制着，被本能的动力牵扯着，这就是你的旧模式。

一个人贪婪的时候，甚至会去犯罪，去侵占不属于自己的东西，哪怕他并不需要这些东西，这是因为被欲望控制而不自知。

你嫉妒的时候，总想把别人拉下来，虽然这么做对你自身并没有任何好处。看到一些丑事丑闻，很多网民就会莫名高兴，因为他会产生一种快感，这种快感就是贪、嗔、痴、愚昧、嫉妒的能量。

一个人傲慢的时候，就听不进别人的建议。

一个人懒惰的时候，就会葬送掉自己的机会，没有办法采取行动。

⇒ 外化欲望的心魔释放法

当觉察到自己内在的欲望和心魔时，如何来清理它呢？有一个办法叫**外化欲望的心魔释放法。**

每当你感觉不对劲、快要失控的时候，感觉自己被愤怒、贪婪、嫉妒、懒惰、执着的能量控制的时候，也就是每次当你有所觉察的时候（觉察，就是在某种状态中你产生了一种"看见"，一种想要去控制、改变的觉性和觉知。觉察是清理的前提，如果你没看到它，就无从谈起怎么处理它），你可以感受一下你的内在驱动力，内在的心魔，想象着把它拿出来，捧在手上，看看它的样子、动作，看它如何驱动着你。

当你暴怒的时候，你可以把愤怒的心魔拿出来，它可能像一个在喷火的红色小恶魔。

当你贪婪的时候，想要买更多的衣服、珠宝、汽车的时候，同样可以把心魔外化出来看一看，这个贪婪的小恶魔可能像一只瘦小的绿色小妖怪。

已经吃饱了的你，还在拼命吃喝，停不下嘴的时候，你去感觉一下这个贪吃的恶魔像什么，有可能它在你的胃里，像个邋遢的大嘴怪。

当你懒惰的时候，心魔可能在你的身上、背上趴着，就像《疯狂动物城》里的树懒一样。

当你嫉妒的时候，你可以看到在你的脸上有个歇斯底里的

第一部分
拥有越多就会越幸福吗？喜悦背后的心灵法则

小丑。

....

用外化的形式，把内在隐藏的驱动力展现出来，看见它，这一步是非常关键的。

当你把它"拿出来"、看见它时，你就和它区隔开了，你不再是它。之前，我们和欲望是混在一起的，你以为想要吃东西的是你、愤怒的是你、懒惰的也是你，而当你外化了欲望，把心魔从你身上拿出来以后，它就不再是你，你和它之间产生了距离。

你把它放在手上端详，可以跟它说："我看见你了，我释放你，给你自由。"然后想象从你的眉心把觉知的力量、智慧的光芒照射在这个小恶魔身上，让它松动、释放和消散，做个深呼吸，你会感觉之前困扰你的欲望消退了很多。

当然，永远会有新的欲望产生，无论怎样练习，你都有贪婪、执着、愤怒、嫉妒、傲慢，只是通过练习，程度会降低，黏着时间也会减短。

欲望是人类的底层代码，它一直在，你只是需要不断地训练自己的心性，当它下次再来的时候，你可以说："我又看到你了。"随即轻车熟路地清理一下，然后和它说："现在你可以走了。"

看见自己的内在状态，内在的动力、情绪，内在的欲望，一次又一次地释放它，这就是一种对内在的清理。所有的外物清理都要回到最关键的这一步，那就是，清理我们的内心。

功课

反思自己的贪、嗔、痴

回顾一下：

1. 你是不是经常有不必要的消费和囤积？那个时候是怎样的心态？

2. 你的居住和工作的空间反映了你怎样的状态？

3. 你最快乐的时光是什么时候？现在的你快乐吗？

4. 你之前设定的能让自己达到快乐状态的目标是什么？

5. 你的自控力如何，可以高效专注地投入工作吗？

6. 你有没有在娱乐上过度消耗时间？

7. 你每天用在自我成长上的时间，是不是不足以支撑起你想要的改变？

8. 你最想要改变自己心性的哪一方面？

04
从买买买到活在当下

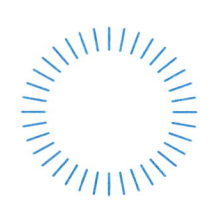

一部风靡互联网的短片曾这样寄语年轻人:"人类积攒了几千年的财富,所有的知识、见识、智慧和艺术,像是专门为你们准备的礼物。"今天的人貌似拥有很多,快乐却越来越有限。

如果你想要通过满足感官的欲望来获得快乐,那获得的快乐必然是极其短暂的;通过放纵贪婪、享乐、囤积去追求快乐,还会让我们的精神熵不断增大、内在心性的混乱度不断提高。身心清理的关键不是扔东西,而是看见之前为什么会有混乱的状态,为什么会贪婪地购买,看见内在的混乱。

⇒ 谎言消费主义

这些年很流行一个词,叫"消费升级"。消费升级看上去是

[减法的奇迹]

理所应当的——我们有了钱，生活变得富足，我们想要过更好的生活，于是去购买很多东西，穿大牌的衣服，吃得更多更好，住得更加舒适。

我们在朋友圈里也会看到很多人喜欢晒名牌，晒高档的消费，好像用了什么样的东西，就是什么阶层的人一样。因此，一些为了面子、满足虚荣的过度消费、超前消费、借贷消费，越来越多地产生。

购买从一种刚性需求变成了一种娱乐和快感来源。打开任何一个网站或者手机应用，都看到它们在拼命引导大家买买买；更有各大购物平台创造出的"618""双十一"等各种各样的购物节，引导人们购买，把人们推向过度消费。购物节期间，几小时的成交量就达到几百亿的新闻层出不穷。在潜移默化中，我们感觉到，人生就是需要去消费的，消费能带来快乐，消费越多，代表越成功，人生就会越快乐。

英国历史学家弗兰克·特伦特曼在《物品帝国：从15世纪到21世纪，我们如何缔造消费世界》一书中说："一个典型的德国人拥有1万件物品。2013年，英国人总共拥有60亿件衣服，平均每个成年人100件，其中四分之一从未被穿过。"**我们被消费主义导向了一种错误认知：快乐是通过购买和拥有获得的。**

在消费主义价值观的引导下，很多年轻人也变成了月光族、透支族。我曾经问过一些年轻人："你每月的收入就几千块钱，却要买那么多的项链、手链、墨镜、耳环，而且都是大品牌，还要去参加各种各样的聚会，你的人生是如何做取舍的呢？你不是还要交房租，还要工作，还要学习吗？"他说："我赚的钱不就是拿来消费、拿来享乐的吗？人生不就该是这个样子的吗？难道我不应该生活得好一点，让我感觉自己比别人更胜一筹？难道我不应该把这些发到朋友圈里好让别人羡慕我吗？这样做，我会觉得我的人生很美好啊！"

的确，每个人都想让自己的人生更加精彩、快乐，所以我们倾向于拥有得更多。我们会认为，当拥有更大的住所，更好的汽车，更多的化妆品、包包、名牌衣服鞋子时，我们就会拥有更多别人的赞美、羡慕，人生就会变得更快乐。

20世纪50年代的美国，消费主义盛行。当时有一个广播电台录制了一首五声合唱曲，结尾是，"买买买，今天需要什么你就买什么"，每天都要反复播放70次。

消费主义盛行，在我们的日常生活中，广告无处不在，甚至电视剧的台词中都会嵌入广告，屏幕上会跳出链接或者二维码。走在路上，路牌、灯箱、宣传亭……都想让你继续购买、继续拥有。"再多买点东西吧，你的生活会更美好！为什么你不够美，因为你缺了保湿、祛斑、除皱的护肤品！你的生活为什么不够幸福？因为你还缺一座望山临水的房子！"没有钱怎么办呢？那就分期付款、借网贷，慢慢还，首付很便宜……

另外，消费主义还大大降低了消费的门槛，提升了**购买的便利度**。现在用APP买东西，在等红灯的那几秒里就可以完成支付，

〔 减法的奇迹 〕

再加上我们使用的是数字货币，大大降低了支付时的心理阻碍。没有钱也没关系，还有各种各样的借贷工具。只要你想买，就没有什么能阻碍你买，用手点击几下，你喜欢的商品就能随着快递员来到你身边。

我的一个朋友，曾经急于瘦身，架不住销售人员的推销，一下子报了全能健身教练班、钢管舞教练班、爵士舞教练班这三门较高难度的课程，不仅每周的业余时间都排得满满当当，还相当耗费体力。结果没多久，他就发现自己不仅没时间去学习，而且偶尔去一次也会累得第二天工作都缓不过来。办卡的费用不是小数目，转卖也不容易出手，无奈之下，他只能暂且放弃。健身房要获得最大的盈利，就喜欢我朋友这样的办卡人，办卡一拍脑袋，用卡的次数却几乎没有。

对大多数普通人而言，买房也是被市场形势和舆论裹挟着的。房价合适的时候，你当然可以去买房子，但价格已经很高，或者你的收入不足以支付房款的时候，拥有房产不一定是好事。尤其是二套房，可能会让你的家庭直接失去资金流动性和风险抵御性。

我曾在一个论坛调查网友对于买房的看法，很多网友表示，买了房子以后压力很大，有病都得忍着，毕竟每个月都要还房贷；有的网友极尽节俭之能事，不敢随便消费，坚决不看非免费的电

第一部分
拥有越多就会越幸福吗？喜悦背后的心灵法则

影，不去餐厅吃饭，除非有人请客，坚决不买没太大价值的装饰品。有个网友，月薪六七千，买了房以后，每月仅剩800元生活费，生活质量直线下降。他诉苦说，买了房以后，跟女朋友逛街和看电影的次数都减少了，每天除了上班就是想着怎么兼职挣钱，更可怕的是，可能40岁以后房贷也还不完。

如果我们的消费与收入并不匹配，那为什么一定要消费呢？我们**要重新审视一下，购买、消费、拥有，我们做这些事背后的出发点到底是什么。**

除了购买实物，现在越来越多的人喜欢囤积各种各样的知识产品：买书，书架被填满了，但其实没看过几本；囤课，但是没几个课程能上完。一些内容付费平台还办起了"知识囤货节"，让人觉得需要把知识像货物一样囤起来。

笔者自身也是一名心理课程讲师，曾经有一名学员对我说，他对很多课程都有兴趣，也买了不少，但是很多也就是收藏着没有认真去听。我给他的建议是要有取舍、有分类，真正喜欢的再买，买了就排好日程去听讲。如果有些课程已经冲动购买了，不想听就别去听，该认栽认栽，该舍弃舍弃，或者送给朋友听，也不算浪费。

知识囤起来是没有用的，因为知识总是在不断更新，它只在你吸收了并且能够践行的时候才有用，而只是把它放在书架上、收藏夹里，是没有任何用处的。

⇒ 拥有≠快乐，内心的快乐是一种来自内在的体验

在消费主义的时代，在越来越物质化、越来越强调买买买的时代，我们拥有了更多。

想象一下，在以前没有自来水、没有电、没有柏油马路的年代，人们每天要做的事情就是种地、捕猎、打水、做饭，最关注的事情就是生存。没有便捷的交通系统，不可能去太远的地方；没有太多的人际关系，因为联系不到多少人；更没有电影、电视、电脑、互联网，没有网购、微信。我们也许会认为，那个年代物资匮乏，生活既不方便又无聊，那时的人一定不如现代人活得快乐。

可是真的是这样吗？其实，如果生活在过去的某个时代，没有见过未来，你的幸福感是不会比现代人低的。相反，现代人和古人相比，或者说当下的我们和童年的我们相比，幸福度反而降低了。虽然这个时代变得更加快捷、富足，但是人的幸福感没有提升。

你发现，长大后品尝了很多山珍海味，但吃东西永远没有小时候那么香。

你发现，能去的地方越来越多，但没什么地方能够让你真正

第一部分
拥有越多就会越幸福吗？喜悦背后的心灵法则

地放松快乐。

你发现，交通越来越便利，生活越来越方便，但我们和亲人互相陪伴的时间变少了。

你发现，买了很多东西，但只有收快递的一刹那最快乐，甚至快递一拆开，你就不再想要这个东西了。

很多衣服你从来不穿，很多化妆品你从来不用，买了很多书却从来没有读过，很多食品放到过期还没拆封。

我们可以重新总结一下：在现在这个年代，娱乐变得容易了，快乐却变得稀缺了；拥有的已经够多了，想要的房子有了，车子有了，婚姻有了，孩子有了，想努力的事情也在做了，幸福感却没有增加。

很奇怪，我们费尽心思地努力，收获了那么多东西，到后来居然不快乐，那些消费产生的快乐是如此短暂，稍纵即逝。

因为我们想要的是内心的快乐，一种来自内在的体验。

既然是一种内在的体验，我们就必须搞清楚内在到底有怎样的问题和怎样的机制，否则，我们只是通过外在去获得、去拥有，永远没有办法获得真正的快乐。

内心的快乐是和心理预期有关系的，心理预期则和我们的大脑有关系。 大脑的设定是不断地抬高预期值，当有一个预期实现的事情时，我们会觉得不快乐，因为想得到的没有得到，所以我们会不断地努力，去购买、去获得、去进步、去实现自己的目标，达到目的的那一刹那我们很开心，但是头脑随之会提高预期值。

减法的奇迹

也就是说，当你拥有一个东西以后，大脑瞬间就会有更高的要求，你又会觉得不快乐了，拥有与欲望之间是水涨船高的关系。

我们的预期就像吊在驴子前面的胡萝卜一样，永远都够不到。我们被驯化出了更多的渴求、更多的不满、更多的贪婪、更多的囤积，最终获得更多的欲望和不快乐，让拥有和快乐之间永远无法画上等号。

功课

极简身心清理必要性测评

请对以下内容按照直觉进行打分，将得分进行汇总。

经常——2分　偶尔——1分　从不——0分

1. 有很多衣物、鞋子放在衣橱和鞋柜里从来不穿，或者很少穿。

2. 容易过度购买，尤其是打折促销的时候。买东西的时候很兴奋快乐，但买来的很多东西并没有真正用起来。

3. 喜欢在家里囤积纸袋、瓶子、报纸、纸箱等杂物。

4. 书架上有很多书都是不会看的，或者是过时的。

5. 淘汰下来的电子产品，比如旧手机、CD机、电脑等都放着，没有扔。

6. 总有很多东西，觉得没有地方存放，扔了又舍不得，没有好的处置方法。

7. 家里、办公室里的东西杂乱堆积，很难整理。

8. 很难找到一个能让自己放松静心的空间。

9. 虽然保存了很多东西，但是找东西的时候经常找不到。

10. 每天看手机的时间超过 4 小时。

11. 一周锻炼身体不到 2 小时。

12. 给自己制订的计划、目标，总是很难开始或者很难坚持下去。

13. 总觉得对这个时代、社会、人类有很多看法。

14. 容易暴饮暴食；总是吃外卖、速食食品；很少调理身体。

15. 总觉得钱不够用，有一种不安全感。

16. 总是有各种各样的焦虑、紧张的事情和念头。

17. 想起未来有一种担心和无力的感觉，总觉得有种不安全感。

18. 觉得拒绝别人的要求、命令、请求很难。

19. 很渴望获得他人的认同，想在别人面前证明自己有多好。

20. 很在乎社交网络上的点赞和评论。

21. 头脑里总是有很多念头，无法控制。

22. 睡眠质量差，睡眠浅，入睡困难或者失眠；晚上常常拖延睡前准备活动，看手机、追剧停不下来，熬夜。

23. 能让自己快乐起来的事情越来越少了。

24. 有很多需要做、想要做的事，但是总觉得心力不够，很难认真做好一件事。

25. 有很多时间花在了不必要的人际关系上，但是又很难取舍。

26. 容易有抑郁、沮丧的情绪；情绪波动大，容易对身边的人发脾气。

27. 已经很久没有静心放松、反思自己的人生了。

28. 对于曾经做过的某些事情，现在想起来还感到后悔、惋惜、内疚。

29. 对过去的某些关系觉得难以释怀（怀念或者深恶痛绝）。

30. 想到疾病和死亡，会非常恐惧、担心。

0~6分：你的生活井然有序，是大家的楷模！

7~20分：你的生活已经开始失衡，容易分心，需

减法的奇迹

要开始做清理和减法!

21~30 分:你的生活处在杂乱和无序的状态中,你极其需要调整自己的生活方式!

31~40 分:也许你的生活已经陷在力不从心的状态里很久了,自己会觉得很难改变。

41~50 分:生活过得心力交瘁,非常忙碌、混乱,赶紧学习身心清理!刻不容缓!

51~60 分:真不知道你是怎么挺过来的,你的人生需要一场从头到尾的大清理!

第二部分

快乐极简秘籍：
清理身外之物

※

　　真正的快乐不仅容易获得，还可以如其本身所昭示的极简风格一样，简化为几个字：**清理身外之物**。从前忙于加载，现在适时卸载。只有通过舍弃、减少身外之物，清理所处空间，使之简约有序，才能使我们的内在接近丰盈，初步品味真正的快乐。

01
外物由心造，从物品开始清理

大部分人对断舍离的印象还停留在扔东西上，认为断舍离就是"通通扔掉"。这样的理解其实比较狭隘。

舍，是断舍离中非常重要的一步，是对外物的舍弃。这一步相对来讲比较容易操作，因为对还没有内在清理基础的人来说，从物品开始清理比较直观易懂。

关于舍，山下英子有一个**"7·5·1法则"——看不见的收纳空间，只能放满七成；看得见的收纳空间，只能放五成；给别人看的收纳空间，只能放一成。**

即：平时不给人看的衣橱、鞋柜、抽屉等，只能放七成满；看得见的书柜、橱柜等，只能用五成空间放东西，其他都得空出来；公共空间，比如餐厅、客厅、办公桌这些地方，最好只用一成空间放东西。

也许有人会说，那么多空间不塞满利用岂不是浪费？其实，不置满的空间就像艺术创作中的"留白",那才是其价值的体现。

想象你买了一所 300 平方米的大房子,里面填满了各种家具、饰品、杂物,你只能站在所剩无几的空间里,或者这 300 平方米隔出了 30 个密密麻麻的房间,这样的空间感,你喜欢吗?

所以我们需要空间,空间代表好的能量场。这些空间就需要我们按照"7·5·1 法则"一步一步清理得来。

⇒ 清理外在空间,直至赏心悦目

第一,清理客厅、餐厅。

把在客厅、餐厅堆积的东西清理干净或者收起来。清理要遵循**公共空间的法则**,即公共空间不要放置私人物品,不要放置长期不用的物品。

长期不看的杂志、小孩子的玩具、看了一半的书、吃了半包的薯条,为什么要堆在客厅里呢?有时候,客厅甚至变成了堆快递、纸箱的地方。每样东西都该有它的去处,快递要及时拆开、处理,垃圾要及时分类清理掉。客厅可以有宠物,但也不应该把宠物用品都堆在客厅里。

为什么那么多人喜欢住酒店?因为酒店洁净、清爽,装饰恰到好处,没有多余的东西。把你的客厅里所有多余的东西都清理出去,扫清地板,擦净墙角,拭净玻璃,让你的客厅像酒店里一

第二部分
快乐极简秘籍：清理身外之物

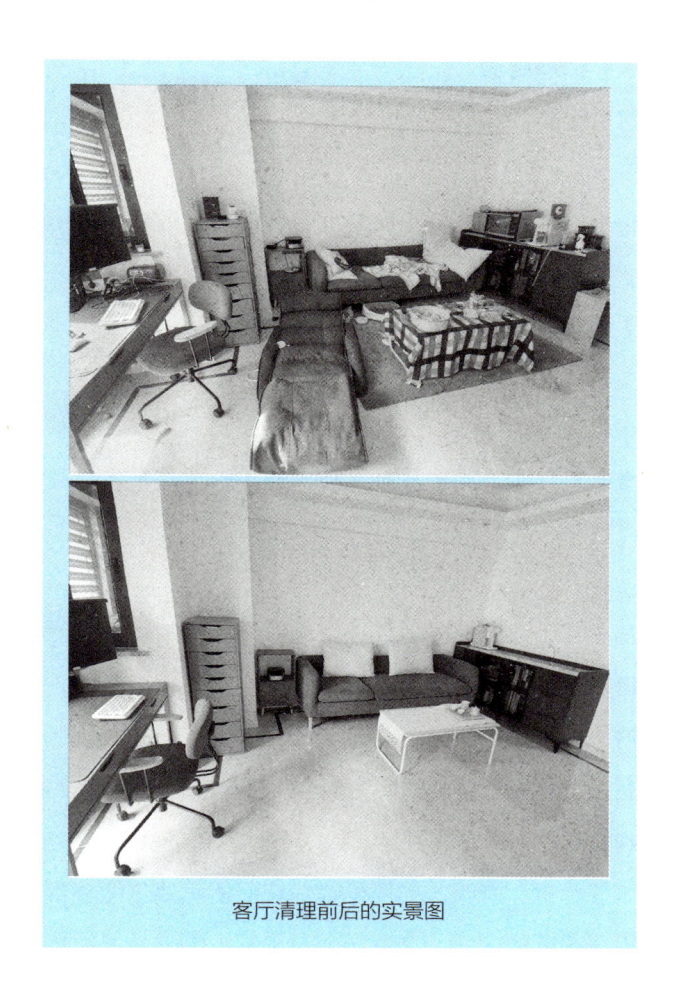

客厅清理前后的实景图

样清爽、漂亮。

餐厅也是如此，清理掉那些长期不用的东西和私人物品，让它看起来是个干净、清爽、让人有食欲的地方吧！

第二，清理厨房。

厨房里最容易堆积过期、变质的东西。

一位朋友的妈妈退休后没事就去逛超市，遇到打折优惠就购买，囤积了一大堆鸡蛋、大米、油盐酱醋等。老年人对这些食材的消耗本来就慢，到了年底，她家的橱柜里、架子上，甚至灶台边，都摆满了瓶瓶罐罐和塑料袋，有的东西不仅过期变质，上面还落满了灰尘、积满了油渍，甚至还有蟑螂在上面产卵，油腻肮脏的程度令人触目惊心。她的厨房里还储备了很多不常用，甚至一次都没用过的餐具和厨具。

这其实是个很普遍的现象，我们日常用到的餐具和厨具并不多，厨房里囤积的东西，60%以上是为接待客人准备的，然而客人来访的次数总是屈指可数，所以大部分餐具、厨具、调味品等，都被堆在一边，极少被"临幸"。

有些人喜欢用各种烹饪设备，买各种新奇的酸奶机、豆浆机、面包机、榨汁机、烤箱、搅拌机等，它们的确偶尔能够帮上忙，但也占用了很大的空间，这就导致厨房看上去总是很拥挤、不美观。厨房是烹饪食物的地方，吃到嘴里的东西，必须要有一个干净整洁的"生产地"。

第二部分
快乐极简秘籍：清理身外之物

厨房清理前后的实景图

第三，清理书桌。

比较下面两张桌子，是不是前者让人觉得拥堵、气闷，后者则让人觉得舒服、愉悦，甚至很有利用它来写写画画、看书、工作的冲动？

「 减法的奇迹 」

书桌清理前后的实景图

没错,这其实是属于同一个人的同一张书桌。之前的书桌上,电脑、书、杂物堆得满满当当。书桌的主人每次去桌前办公的时候,心情就跌到谷底,看书、查资料、做PPT的效率也莫名地低。后来,书桌的主人做断舍离,把书桌上所有不常用的东西、不实用的摆件都清理掉,只留下一台电脑、一只水杯和一架书。断舍离后的书桌让人特别喜欢坐在它跟前办公,工作起来很舒服,效率也非常高。

第四,清理床铺。

有些人喜欢在床上随意扔睡衣睡裤,甚至是脏衣服,床铺永远像刚有人在上面睡了一觉一样凌乱不堪。

卧室清理前后的实景图

有人喜欢在枕头底下堆东西，充电器、头绳、药品、零钱等等，这些物品又脏又对身体有害。

还有人的床头柜上摆满了书籍、遥控器、营养品、小礼物、台历、照片、闹钟等杂物，很难有一块空地用来安置真正用得上的物品。

床铺是人安睡的空间，关系着第二天的能量。床上只应该有舒适的床品，床头柜上可以只放一盏台灯，每天睡觉前也可以把手机放在这里。保持卧室的空白，因为空白可以降低精神熵，它的有序和简洁会让你觉得舒服。

第五，清理阳台。

由于居住条件的限制，阳台是最容易堆积杂物的地方，很多家庭中，杂物、洗晾的衣物、破损的物品等基本都会放在这里。许多人还喜欢在阳台上放置洗衣机、儿童玩具等，使阳台凌乱不堪，影响家庭的美观、舒适。

对你的阳台进行彻底的清理，把不要的、破损的物品扔掉，其余物品也归置到原位，你可以在阳台上摆放一些植物。之后你会发现，你很爱待在阳台上赏月观星。

⇒ 清理你对物品的执着和不舍

除了清理这些外在的空间以外，还需要**配套地清理你的一些**

第二部分
快乐极简秘籍：清理身外之物

观点。因为，这些观点不清理掉，你的物品是扔不掉的。

第一，东西还有用就不能扔掉，不能浪费，否则有罪恶感。

以前的教育观念是不能浪费。杯子又没有破，还可以用，为什么要扔掉？各种还能用，但是不喜欢也不想用的东西丢掉了是不是太可惜？其实，"有没有用"这个概念需要重新审视。你喝过的矿泉水瓶有没有用呢？当然有用啊，可以剪一剪拿来浇花，可以储存粮食；但是扔掉它，让需要的人捡去卖废品换钱，维持生活，更有用。

有人常常吃剩菜、剩饭，觉得食物宁可倒在肚子里，也不能倒在垃圾桶里，绝不能浪费。其实，这些所谓不浪费的食物，吃多了以后都变成你身上的脂肪，残羹冷炙把你的身体搞垮，更要花钱看病。是人的健康更重要，还是一堆剩菜更重要？相信聪明的人心里都已经有了一个正确的答案。

当你秉持着"有用的东西不能浪费"的观点时，还会产生一种现象：你走在路上，会发现有用的东西很多——别人扔掉的衣服、袋子、瓶瓶罐罐、螺丝钉、塑料、金属片……你不光不扔自己的东西，还要基于不能浪费的观念，让家里增加很多几乎用不到的物品。我们好不容易买了套房子，却把房子经营得跟垃圾堆一样，这难道是一种节约吗？这才是最大的浪费，因为你的空间能量全被那些最不值钱的东西破坏了。

这么做是因为片面地理解浪费和节约，我记得有个同学和我说过："老人爱捡、囤废品这件事，我觉得只要不影响家里的居住空间与体验，是很值得提倡的。我现在对小区里捡废纸箱的老人都会高看三分。也许他们是出于物质匮乏在捡，但是废品回收、循环利用这件事，对地球来说是功德，也是断舍离理念的精髓。我觉得别墅车库里放废旧纸箱板，也是一道别样的风景呢。"

他说得有道理吗？当然有道理，如果他觉得废品回收是他生活中最重要的事情的话。

难道我们不往家里搬废品，这个社会上就没有人回收废品了吗？当然不是。我们不去把各种纸板、瓶瓶罐罐捡回来，不代表我们不环保，因为我们只需要做好垃圾分类，分类后的废旧物品会进入回收环节，不会浪费。我们可以把废旧物品整理好，送给回收废品的人，这些废品换来的钱虽然不多，但可能正是对方需要的。这样一来，我们可以把自己的注意力放在更加重要的事情上，不是更好吗？

关于浪费与节约的观点，最近我还发现了一种更有意思的看法。我认识一个人，起初她对物品清理践行得还不错，她把除了必需品以外的东西，该捐献的捐献，该丢弃的丢弃，该送人的送人，把房子腾出来一块好大的空间。可是这时，她突然慌了，觉得这么大的空间看着空荡荡的，不是浪费吗？

清理出来的空间放着不用是否就是浪费呢？我劝导她，可以设想一下，如果你家门口有片大草坪，你会在上面种满树吗？草

第二部分
快乐极简秘籍：清理身外之物

坪有草坪的美丽和作用，不需要变成茂密的丛林。

家里面也是如此，你买一套大房子，用的是里面的空间，而不是用东西把空间堆满。房子的主要用途是给主人提供一个舒适的环境，而不是主人把自己的位置让给杂物，把自己的生活过得憋屈压抑。堆满东西看似没有浪费空间，但增加了你的精神熵，损耗了你的生活状态。空间腾出来既有留白之美，也能拓宽心境，让你身心愉悦没有压迫感，就不是浪费。

我们要把空间从仓储功能提升到生活美学的高度。前者可以参考物流中心的仓库，追求存储率最高；后者可以参考博物馆、星级酒店，追求居住的人的内在愉悦度最高。

第二，新买的或者很贵的东西舍不得清理。

比如说，已经有个很好的手机了，但过生日时，朋友又送了你一只崭新的手机；别人送的崭新的餐具、化妆品、包包虽然不喜欢用，但很昂贵。怎么办呢？通通搁置起来。

看看你储藏的那些全新的，或者很贵的，但你从来不用的东西，你已经被物品占据了，而不是你占据了物品。物品虽然有成本，但是空间、时间、能量、心情也都是成本，你能在家里堆多少全新、很贵但不用的东西呢？

那些崭新的物品不用就没有损耗？当然不可能。尤其是电子产品，升级换代得很快。除电子产品外，很多物品放久了以后，都会自然老化。

﹇ 减法的奇迹 ﹈

第三，由于不安全感，觉得说不定哪一天可以用上。

很多人都有这种心态，尤其是年纪大的人，觉得家里囤的那些水、米、油、盐、肥皂、卫生纸，乃至瓶瓶罐罐，总有一天会用上。但其实以现在这个社会的商品流通速度、网购的便捷度，想要的东西几天、几小时，甚至几分钟就送到了，囤那些东西在家里放到过期，实在不划算。

房子是住处不是仓库，你把所有需要的东西都放在里面，家就变成了仓库，住在里面的你就不再是主人，而成了仓库管理员。

更何况，很多东西囤积时间一长就会变质，有时由于储存的时间太久，还会忘记。

第四，觉得这是别人送的，代表一份情意，没办法清理。

这是我的同事送的，这是我以前的好朋友送的，虽然这些东西我不喜欢也不实用，但没办法，毕竟是一份心意，不能清理，只能放在那儿，但是占着地方心里又不舒服……

这种情况很普遍，并且也的确让人为难。我就不止一次被问到，别人送的礼物是份心意，但很占空间，很想扔掉，该如何是好。

甚至有一次，一位学员直接拿着别人送的加湿器来问我。我对他说，你可以想象你已经把对方的心意收下了，已经把对方对你的情谊、关心、爱护，通通收下了、感受到了、记在心间了。剩下的只是一个已经属于你的物品，可以任凭你处理了。你把这个加湿器转送给其他更需要的人，不是更能物尽其用吗？

上面这些观点，都是需要你去清理的。

⇒ 清理身外之物的六个原则

第一，你才是主角。

即便面对一个崭新、贵重的包包，你也仍然是主角——你不想用这个包包，那么它就得被清理掉，而不是作为主角的你去迁就、容忍它。

假设一下，你作为主人住在自己家里，这时候外面跑进来几个人，说想住在你家不走，你当然不会同意，当然要把他们赶走，这是多么自然的道理。所以，如果是你不想用的物品"住"在你家里，作为主人的你当然有权利让它们换个地方了，这就是所谓的"我用"。

第二，囤积是匮乏，不是爱惜。

你如果学会了爱惜自己，就不会为东西感到可惜。人生短短几十载，我们要爱惜自己、爱惜当下的时间，把每一天都过得精致一点、美好一点，不要把自己家当成专门囤积各种物品的杂物间，该清理掉的东西要毫不吝惜。

第三，抛弃与否决。

以下几样东西是要坚决地抛弃和否决的：

（一）**带来负能量的东西**。比如，破破烂烂的窗帘、冒着木刺的扎手的桌椅、破旧塑料袋等，只要是看到以后感到心情不好的、勾起不堪回忆的、很脏的、带来不舒服感觉的东西，就要做清理。

（二）**长期不会用的东西**。你放了很久、绝少使用的东西，也可以清理掉。因为空间也是成本，长期搁置占据空间带来的不舒适，其实让你损失得更多。

我以前家里囤的书很多，因为我想以后把这些书送给我的小孩或者其他人。书越积越多，书柜都放下不了，甚至占据了客厅、卧室、阳台等地方。书太多到处放，到处塞，以至于我要找一本想看的书都很难找到。后来，我想干吗要囤积这么多书呢？一本书不过几十块钱（以前的书更便宜），以后如果小朋友想看书，完全买得起、买得到。更何况以后的人也不一定看纸质书，他们可能都看电子书，甚至听书了。再者，这些书都囤得发黄破旧了，落灰积菌也不卫生了，为什么要留着它们占用我的空间呢？

于是，我把一部分书或卖掉，或赠送，把书柜整理得更加整洁有序，每次我要找想看的书，都非常方便。至于那些清理掉的书，其实我也从来没觉得有再购买的需要，因为我的知识和理解也在不断升级，很多以前的书现在已经不感兴趣了。

第四，好东西应该马上使用。

小时候父母经常说，这件衣服等到过年再穿，这个书包等到

第二部分
快乐极简秘籍：清理身外之物

你开学了再用，这个床单留给你长大以后用……这些话让我们总有一种匮乏感，总觉得这些东西会不够用。其实我们需要活在当下，每一天都认认真真、全心全意地去活，那些最好的东西现在就要用，不要等到以后再用。否则我们总会有一种心理，认为当下不应该是最好的，不会是最好的，我们需要在未来的某一天才能欢庆，才能放松。不对，我们应该每天都让自己处在最好的状态里，既然有你最喜欢的东西，既然你是值得的，那么现在就可以用。

第五，总量不变，淘汰升级。

举个例子，你给自己的规定是只能拥有 10 双鞋子，你现在有 20 双，需要处理掉 10 双。以后你还想要买新鞋子怎么办？很简单，每购入一双鞋子，就得清理掉一双鞋子，这叫总量限制。

第六，任何地方都要留白。

有留白的地方才是好的能量场，满满当当的是仓库。

清理出来的物品有以下几种处理方法：

1. 没用的东西丢掉、卖掉。

丢东西不能乱丢，因为我们要考虑环保问题。

杂物分类放到垃圾桶，或者卖给废品收购站。

有些你觉得没用但别人可以用的物品，可以整理好放在垃圾桶旁边，需要的人会把它们取走。

有些名贵的物品可以在专卖二手物品的网站上或者朋友圈里卖掉，珠宝、名表、手机、笔记本电脑也可以通过拍卖变现。

2. 带着快乐送出去。

我自己有时候会收到很多朋友送的零食，但我其实不太喜欢吃零食，于是我把零食送给公司的小伙伴或者身边的朋友们，他们很快乐，我也很快乐，两全其美。

旧衣服可以捐赠到偏远山区，书可以捐献到图书馆或者学校。做公益、行善事何乐而不为？

剩下不想处理掉的、有用的、需要的物品，就分类整理归位。分类就是按照物品的不同属性分别归类；整理就是在做好分类的基础上，按照物品的厚薄、高矮、大小等，有条理、有秩序地摆放；归位就是将所有的东西放在它该在的地方。

⇒ 物品清理的进阶方法

七步法扫除力：创造愉悦的能量场

日本人比较喜欢整理和收纳，《扫除力》一书中提到了一个"扫除力"的概念，讲述了如何通过五个步骤，把身边的环境整理好。

作者舛田光洋提出的五个步骤分别是：**换气、丢弃、去污、整理、撒盐**。其中"撒盐"的目的是祛除负能量。舛田光洋通过这五步整理环境，再秉持对空间抱有的积极乐观的心态，增加正面能量，让生活中的烦恼都慢慢远离，从而成就事业、成就美好的关系，提高收入，实现人生的梦想。

的确，我们在外物清理当中，无论是整理收纳物品，还是用扫除力进行清理，清洁的其实不仅是自己居住的空间，也是自己的人生，扫除的也不光是污垢，还有自己的负面能量。

那么适合我们的"扫除力"是怎样的呢？我把它归结为七步。

第一步：拍照。

拍照是因为我们需要去做一个回顾对比。做回顾对比是为了留下更好的感受，强化清洁后的愉悦感。

第二步：打开窗户。

舛田光洋说，很多家庭环境之所以凌乱，是因为有一个重要的通道没有打开——窗户。要注意采光，让光和气都能够进到家里面。

其实不光是打扫的时候，我们家里或办公室里，每天都需要采光换气，这是很简单也很重要的一个步骤，用于更新室内的空气和光照。

光和气不仅能够给空间带来光明和清新感，同时也是一种能量，而吸收外界能量能够降低自身系统的熵值。

第三步：丢弃。

丢弃就是断舍离，就是把那些不好的、不用的东西，整理出来丢掉。

第四步：去污。

去污跟丢弃不一样，丢弃只是把物品整理、分类、处理，去污则是对整个空间进行清扫。

去污是一个很锻炼心性的工作。试想一下，你房间的犄角旮旯积满了灰尘、蛛网、垃圾，甚至是昆虫尸体，这时如果你能够亲自动手，认认真真地把每一个角落都打扫干净，你会发现你整个人的状态也得到了调整。

当你真的能够从头到尾把你的物品、空间擦拭、打扫得一尘不染时，你就会发现自己对洁净、极简的感知力增强了很多。

如果你靠近已经打扫过的地方或清洁过的物品时，内心还是有一丝丝抗拒，觉得有哪里还是不太舒服，那么你还需要再努力一下，直到打扫到你真正如释重负为止。家里面的物品因为你的打扫而变回了从前的样子，会让你感到自己就像一个法力超群的魔术师。

第五步：整理。

物品分类后要归位，放到其应在的地方。

第六步：清洁身体。

把自己的身体从头到脚清洗干净，换上洁净的衣服。不要穿破旧的衣服，尤其是内衣、袜子不可有破洞，打扮得体是很重要的。我们需要留意一下，自己是否也跟房间一样，被清洁得干干净净。

第七步：回顾对比。

对比第一步拍的照片，看一看整理过的地方是否已经焕然一新、令人赏心悦目，是否形成给你带来愉悦的能量场。

七步法扫除力：对隐蔽空间进行第二轮清理

根据以上的七步法，对家里比较隐蔽的空间，我们可以进行**第二轮清理。**

厕所

厕所是极其重要的场所，一家公司或者一处居所的场域能量好不好，先看厕所。厕所脏乱臭，势必影响场域能量。

我在美国一位著名心理学大师的家里，见到了令我震惊的厕所。他们家厕所里居然铺的是木地板，马桶直接镶嵌在地板上，打扫得极其洁净，上厕所的人也会极其小心地维护厕所的洁净。他的厕所不像一个排泄废物的地方，反倒更像一个可以修行的地方。

走进你的厕所，看它是否也带给你赏心悦目的感觉。如若不是，那你就需要进行一次彻底的清扫了。马桶里外、洗手台上下、浴缸等，所有藏污纳垢的地方，都要清理到位。

洗手台、置物架上是否有很多化妆品已经过期或者不用了？把它们清理掉或者收起来，不要放任它们在那里蒙尘积菌。看看你有没有一些破旧的东西还没有处理，比如牙刷、毛巾。很多老人的牙刷比皮鞋刷子还要破旧，甚至整个刷头都已经炸开了花，还在用。

满是洞的毛巾要及时换新。有人喜欢把洗脸的毛巾用旧以后铺在地上当抹布，这本身没有错，但是也要注意一下，看用这个东西能否给你带来良好的感觉。

　　浴室里的浴帘和脚垫，有的人几年、十几年都不更换，甚至都发霉了；马桶用的时间长了以后，马桶圈也是会破损的。这些东西都应该定期更换成新的，因为一来这些东西用久了积累细菌对身体不利，二来你也需要通过换新来给自己的家和自己带来美好的感觉。

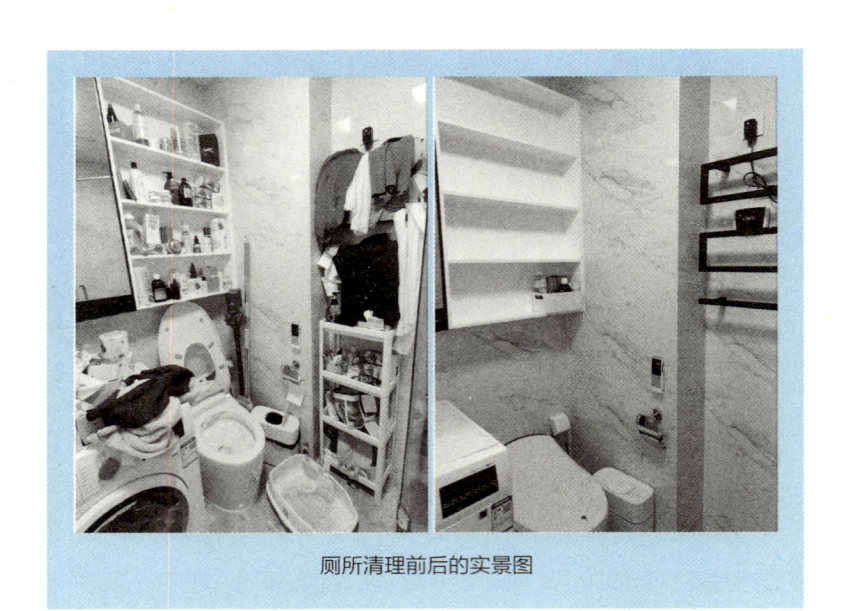

厕所清理前后的实景图

第二部分
快乐极简秘籍：清理身外之物

衣柜

衣柜是一个整理起来难度较大的地方，因为里面塞满了不同时间买来的各种各样的不同季节的衣服。衣服可以做如下分类：

1. 不穿的衣服：可能是旧衣服，也可能是不想穿的新衣服。
2. 勉强能穿的：不喜欢穿，但因为某些情况没办法要继续穿着的；没有同类型的、限量版、难再买到的，你虽然不喜欢，但觉得扔掉可惜、还可以将就穿的衣服。
3. 你喜欢，但是已经太破旧需要更换的。
4. 觉得不错，但不知道如何搭配，所以一直放着没有穿的。
5. 非常喜欢，乃至舍不得穿的。

将衣服按这五类整理出来后，前三类哪怕忍痛也要清理掉；后两类哪怕舍不得穿，也要穿起来、用起来。

现在你可以理解，为什么早几年我们读到报道说，在发达国家的垃圾桶里能捡到电视、新衣服了。其实很简单，他们在淘汰，在更新换代，房间里放不下的物品当然要清理掉。

书籍

有的人对书籍有特殊的情结，因为书代表着知识和学问。好像家里面堆满了书，主人就很有文化素养，其实这只是一种良好的自我感觉而已。

书籍当然也需要清理。

有的书娱乐性强，比如一些武侠小说、民间故事、书摘杂志，你看过一遍可能就不会看第二遍。

[减法的奇迹]

有的是专业用书、课本教材，你需要长期储备，便于资料查阅和学习。

还有一些是经典文学、哲学理论等深刻的书，有时需要找出来温故知新。

你要看哪些书是你以后再也不想读的，哪些是可以常备、比较有用的，把它们分拣出来。

有些书看着很有用，但是复读的概率极低，比如有些你觉得很好的经济学、潮流文化、互联网等方面的跟时代背景结合的书，在这个瞬息万变的社会，它们大部分在半年之后都会过时无用，这些书你也可以分到不再读的类别里。

整理书的时候，你可能会发现，有一类书是你为了装点虚荣、应对焦虑买来，但是从来不看的，把这些都整理出来卖掉，或者送给朋友、捐给图书馆。

喜欢但是还没有看的待阅书籍，尽快看完。看完之前先别买新书，购买总是容易，但时间很贵，不要养成买很多书但很少看书的坏习惯。

抽屉、鞋柜、冰箱、药柜

这些地方就像是废品储藏室，你随便去翻检一下，都能找出一大堆需要扔掉的东西。旧手机、电器说明书、20世纪的MP3或MP4、过期的药品、包装盒、丝带、毛绒玩具、坏掉的手表、纪念品、瓶瓶罐罐、毛线团……有时候随手拉开一个抽屉，甚至会惊见蟑螂臭虫爬过。

第二部分
快乐极简秘籍：清理身外之物

这些地方的清理要达到怎样的效果呢？

拉开抽屉或柜子，应该：第一，它们看上去简单、干净，很舒服；第二，物品都在该在的地方，比如文具在文具该在的地方，工具在工具该在的地方，食品在食品该在的地方，分类有序；第三，适当留有空间，而不是都塞满。

柜子整理前后实景图

出门携带的**包包**、**汽车后备厢**，都形同移动的收纳柜，也要妥善地清理。

塞满了文件、笔记本电脑、口红、纸巾、随身杯的包包，放满矿泉水瓶、零食、儿童玩具的汽车后备厢，都要清理干净。

空无一物的境界

很多人对空间清理无所适从，觉得每样东西都有用，都舍不得扔掉，清理一遭后发现还是跟原来差不多。那么我们最终要清理成什么样的状态呢？

有部日剧叫《我的家里空无一物》，剧中的女主人公麻衣有极其偏执的整理欲望。她喜欢空荡荡的屋子，对她来说，不需要的东西就要果断扔掉，她将"断舍离"做到了极致甚至变态的地步，她总是抓紧一切机会收拾与整理。尽管她有一点偏执，但我们从她身上也能学到不少收拾整理之道。

她整理的第一步就是扔东西，只要发现稍显无用的东西就要扔掉，就连她丈夫送她的第一个生日礼物、结婚时的对戒、纪念册都被扔掉了。她给自己设计了一个"**扔东西的K点**"，每当犹豫是否该扔东西的时候，她都会跨越扔东西的K点，最终获得了空无一物的生活空间。

为什么要学习这种空无一物的境界？因为我们的清理往往到了一定程度以后就没办法继续深入，我们会被很多观念束缚踟蹰不前，所以我们需要看看别人做到的清理的极致。

不要小看清理到极致，当你把一个空间清理到这种状态，你的身体、信念、能量都会随之发生变化。

有个朋友在获知"断舍离"这个理论以后,回去先把她的餐具进行了一次彻底的清理,只留下他们一家三口的必需餐具,其余全部处理掉了;又把关注的微信公众号也做了清理,只留下每更必读的寥寥几个;然后对自己的衣服、鞋子规定了一个数量,多余的也都清理干净了。

仅仅是做了这几个部分的清理,她就感觉神清气爽、轻松惬意,抛却了被太多东西黏着的烦躁、焦虑,彻底爱上了简单的感觉。由此可见,清理真的会让人生有所改观。

不过,你如果很难一下子达到空无一物的境界,可以用**两轮清理法**循序渐进地清理。

第一轮清理

先把容易清理的、确定不要的物品处理掉。整理顺序由大到小,由衣服、书籍到小物品、纪念品。第一轮清理以舍弃、清理为主,先不要忙着收纳整理。把那些没用的、过时的、有用但是现在不用的东西,通通扔掉。可以用但是已经有备用的,扔掉其中多余的,比如说你有两套茶具、三套护肤品,你就可以清理掉一部分,同时遵循"7·5·1法则"。

第二轮清理

第二轮清理的出发点从第一轮清理的考虑扔什么转为考虑留

下什么，这就是**怦然心动的原则**。

有一本书叫作《怦然心动的人生整理魔法》，介绍了"一旦整理，就不会变乱"的整理方法，教我们按照心动的标准选择物品，按照先丢东西后收纳的顺序，对不同类别的物品进行一次性、短期、完善的整理，使人通过整理找回人生决断力，找到最初的梦想，找到怦然心动的幸福人生。

第一轮清理的时候，你会关注某个物品重不重复、有没有用，如果这个物品没有破损、尚有用途，你可能会把它留下；在第二轮清理时，针对同样的物品，我们关注的不是有没有用，而是它让不让自己心动。

如果它无法让你心动、喜欢，那它就是需要被清理的。在这个阶段，要挑选让你心动的物品，而不去考虑它有没有用。

在第二轮清理中，对第一轮清理留下的物品，你需要重新开始一遍整理，问每一件物品几个问题："我喜欢用你吗，我以后会经常用你吗？"如果答案都是不，就进入下一个问题：**"你有没有其他不被扔掉的理由呢？"**要注意的是，"以后会有用""不能浪费""太贵"等都不能成为这个问题的答案。答案如果是"虽然我不喜欢这个茶杯，但如果将它降级成为一个刷牙杯还挺高档、挺漂亮的"，那它就有了留下来的理由。

或者有些东西可以很快地用掉，不会长期占用地方，比如面膜还有两张，当天就可以用掉，那也可以不被扔掉。

在第二轮清理的过程中，你每天都要随手清理，看到任何物

第二部分
快乐极简秘籍：清理身外之物

品都要问："**我喜欢你吗？我看见你心动吗？你有充分的理由待在这里吗？**"通过这个方法，你就会慢慢地接近空无一物的境界。学会了选择怦然心动的物品，久而久之形成一个良好的习惯，你就再也不会随便把什么东西都拿回家了。

下面举个例子，阐明怦然心动整理法的整理程序。

有个同学把他原本堆满杂七杂八物品的书桌进行了整理，把那些没用的笔、纸、玩具、食物等都收拾完了以后，桌上只剩下摆得整整齐齐的一叠书、一个台历、一盆紫色的假花，这是第一轮清理的结果。

第二轮清理的时候，他就对着假花发问："书桌上需要一盆假花吗？我喜欢这盆假花吗？这盆假花很漂亮吗？如果把它清理掉，书桌会更好看、更干净吗？"他对桌上的台历问道："我用台历吗？我平常会在上面写日程吗？我平常把待办事项都记在手机里，那为什么要摆个台历呢？"然后，他看向那摞书："这些书为什么会在我的书桌上，是常用的吗？是我每天需要看的吗？每天需要看的书有那么多吗？"

怦然心动整理法，就是每一件物品都要有它可以被留下的百分之百的理由，否则就应该被清理掉。

不过这里也出现了一个比较好笑的故事。一位学员遵循怦然

减法的奇迹

心动的原则,发现家里的大多数物品都需要清理掉,为了达到空无一物的境界,再加上感觉到太多物品都没有存在的意义,以至于他把很多孩子正玩得起劲的玩具、每天睡前都要阅读的童书都清理走了,然后又悔之不及地重新购买回来。

我听闻后啼笑皆非,明明这些物品已经有了充分的理由可以被留下来——"正在使用,非常有用",却被主人忽视了。所以做清理的时候一定要注意甄别,不能非理性地为了清理而清理。

功课
怦然心动的整理法

1. 观看日剧《我的家里空无一物》，让自己感受物品断舍离至"空无一物"的境界。

2. 怦然心动的整理法：清理已经清理过一轮的空间。

* 记住怦然心动的原则：这个东西是否让"我"心动？焦点是有哪些怦然心动的东西值得你留下，而不是某个东西没用了需要扔掉。

* 问每个物品以下几个问题，然后根据自己的判断做出清理。

- 我喜欢用你吗？
- 我对你足够满意吗？
- 你能给我带来很好的感觉吗？
- 我以后会经常用吗？
- 你有充分的理由留下来吗？

02
难以割舍的物件里，有你怎样的情绪？

我们碰到难以清理的东西、遇到难以抉择的时刻，就需要了解断舍离的高阶秘籍。

首先是关于断舍离的"断"字诀。

"断"字诀的关键就是"不见可欲，使民心不乱"，这句话来自《道德经》，意思就是，**想让你的心思澄澈不被扰动，就不要看见足以引起你欲望的事物，尽量远离引起欲望的场合。**

减少物品到你家里、到你身边的机会，这就是"断"。

经常有朋友困于不停购买的欲望来求解，其中一个朋友，由于购买欲失控，每天都在线上线下不停地买买买，本来工资并不低，却买到没有积蓄，买到负债，买成一种病态，苦不堪言。他首先要做的，就是践行"断"字诀，通过断绝看到商品、拒收促销打折信息等，来斩断一些购买的诱因。我们现在所处的社会，电

第二部分
快乐极简秘籍：清理身外之物

视上、APP 上、电梯间、地铁站里等地方，投放了大量广告激发我们的购买欲，即便你不主动去购物的场所，也很容易收到商品信息。如果你平时没事就打开淘宝等购物网站闲逛，看着看着就会买东西，那么不被扰动的方法，就是尽量远离这样的场合。

⇒ 购物车延迟法：遏制不理性的购物需求

网购时，把挑好的商品放到购物车里，然后离开购物网站，不要立即付款，先等待几天。过几天再打开购物车去看，你会发现超过 60% 的商品你已经不想或者不需要购买了。买书亦如此，先把挑选好的书放到购物车里，不要立即下单，过个十天半月再去看，很多书你已经不想看了。

人在看到商品的时候购买的欲望是最强烈的，过几天后，不理性的购物需求会下降，购物车里的很多东西就不再需要了，这就是购物车延迟法的原理，通过这个方法可以从源头上减少家里的物品。

所以，为了避免过度购买，我们可以用购物车延迟法，然后结合"**进一出一**"**的原则**，即每购入一件物品，同类型的物品就要清理出去一件。再则，尽量不要购买成套的、占据空间大的物品，比如成套的书，大型空气净化器、加湿器、厨房设备，巨大的玩具，等等。

⇒ "舍"的重要方法和原则

关于"舍",有以下几个重要的方法和原则:

第一,**物品类别整理法和场所类别整理法**。平时我们整理房间,可能只是把物品在原来的空间进行整理,需要某样东西时还是会找不到。所以,首先要按物品类别整理法,把同类的物品都拿出来放在一起,然后给它们规定一个存放空间,比如文具、零食、电子设备、衣服、药品各自应该放在哪里,不同的物品按照类别在不同的空间存放,这样以后找东西、清理东西都非常方便。

第二,**存放的相关性原则**。比如,茶叶放在茶具附近,清洁用品靠近洗衣机放置,这就是存放的相关性原则。

第三,**当心收纳陷阱**。有时候,我们把很多东西整整齐齐地码放在箱子里、柜子里,虽然看上去整理干净了,但有可能它们会变成一个新的"垃圾堆"。有的东西很难被分类、整理、清理,于是都被放在一起,搁置在收纳箱里面,很快你就会发现,这个收纳箱变成了一个你永远不想打开的冷宫。

第四,**充分理由原则**。如果你发现一件物品是可扔可不扔的,那么它就有 90% 的可能性是可以被清理掉的。

第五,**现在就用原则**。喜欢的东西、你觉得最好的物品要立马使用,而不是囤积闲置起来。像那些精致的饰品、餐具,昂贵的衣服、领带,名牌的包包、笔,别人送你的好物,都应该马上用起来。现在不用的东西,大概率以后也不会用,等它逐渐变旧

第二部分
快乐极简秘籍：清理身外之物

贬值，还不如立刻使用或把它送给亲戚朋友。

当然，在舍弃物品的时候，最重要的原则还是**怦然心动的原则**：留下某件物品，不是因为它有用，而是因为它让你心动、令你满意。

的确，有一些物品，对一些人来说是很难舍弃的，比如别人送的生日礼物，学生时期的电话簿、往来信件、毕业纪念册，老师、同学写评语的手册，奖状，同学间互传的字条，收集的卡片，成绩单，等等。

叠加了私人记忆和情感的物品，比如父母、孩子、前任男女朋友、亲朋好友留送的物品，尤其难清理，其中充盈着不舍和思念，很容易被保留下来。

有位宝妈在实践极简清理的时候，遇到了非常大的阻力，几乎所有的物品都难以舍弃。比如一只陪伴了她很长时间的充电宝，从考研上岸到毕业工作，再到如今到处出差，虽然已经不怎么蓄电了，但她就是觉得这只充电宝上满满都是她奋斗过的回忆。孩子的物品就更不用说了，比如孩子的毛绒玩具，虽然已经破旧，但是陪伴了孩子成长。很多物品虽然现在没用了，但它们是自己青春年华的见证，在某种意义上已经成为自己的一部分，抛弃它们就如同抛弃自己，心里会很悲伤，所以就舍不得扔，任凭这些物件越积越多。

原因在于她把太多注意力、心力都放在了过去，其实自己和

减法的奇迹

孩子就在这里，就在现在，每天都在不停地成长，过度关注过去会错过当下，产生新的遗憾。并且，人生就是一个舍弃的过程，最终一切东西都带不走，所有的东西都会清零，现在留的那些东西最终还是要被扔掉。

我们想把旧物留到老态龙钟的时候拿出来翻看，感慨曾经的岁月，重温过去的欢乐和遗憾，执着地借物保留某段记忆，貌似没有什么不对，很多人都会这样做。但记忆究竟能保留到什么时候呢？

其实记忆、往事、情感等，并不是随着物品的消失而不见的，它们的存在并不需要你用物品去证明。如果有些经历被遗忘了，那也是很正常的，我们应该注重的是当下、此刻的体验。

我们还需要明白的是，最终所有的记忆都是带不走的，我们不需要为老年的自己准备那么多旧物，记忆的行李箱不要塞得过满，因为最后什么都会被清零，什么都无法留下，包括记忆。

极简清理的精髓是让我们明白，我们在这个世界上最终一件物品也带不走，一段感情也留不下，一段记忆也存不住，所有的一切都会被清空，人生的终点是一场声势最为浩大的断舍离。

我们真的在清理物品吗？我们真的是为了清理物品吗？不是的，我们真正的意图是看见自己的内在、自己的时间、自己宝贵的人生，认识到自己该如何珍惜短暂的每一刻。我们如果不放下、不舍弃，又如何前行呢？就如同电影《少年派的奇幻漂流》中所说的，

第二部分
快乐极简秘籍：清理身外之物

"All of life is an act of letting go"，人生也许就是不断放下的过程。

如果知道一切都终将逝去，你就不会想牢牢地抓住某一个人、某一段关系、某一段记忆、某一件物品，你就会真正学会感恩此刻，无论此刻是好是坏；你才有可能让自己的心智觉醒，让内在充实而快乐。所以，当真的开始舍弃的时候，你才能真正知道什么叫活在当下，你才能够珍惜现在拥有的每一刻，否则，你储存了太多过去的记忆，就很难好好地生活在当下。

有位朋友跟我说，他以前情感比较麻木，对珍惜岁月和身边人没什么意识。直到上了年纪，有一次极简清理的时候，勾起了以前的种种回忆，发现自己错过了太多事情，包括孩子的重要成长阶段、父母最需要陪同的时期等等，顿觉遗憾不可弥补，紧接着就是悲伤，哭泣不止，完全没办法继续清理下去。

极简清理的目标，其实就是通过清理物品，去掉这种忧伤的回忆、不好的过往。他需要的就是对这些遗憾说再见、做了结。我让他想想看，古往今来，地球上出现过的人有几千亿不止，谁的人生没有遗憾，谁的人生全是快乐，谁的人生只有成功？所以面对遗憾，要告诉自己："人生难免有遗憾，我接受这个遗憾，但这个遗憾我已经经历过了，现在我可以把它放下，把以前的物品都清理掉，转过头来看现在、看未来了。"把物品清理掉之后，他发现没有什么引子可以再把他的遗憾勾出来了，这才明白活在当下究竟是什么感觉。

减法的奇迹

生命是一个不断经历、放下、向前的过程。如果能体会到你只是人生游乐场上的一个过客,终有一天要离开,你就不需要携带太多的东西,你需要的只是少量心爱的随身行李而已。学会了"舍",才有可能真正地"得",因为你知道每一刻都是如此珍贵,每一刻都可能是最后一刻;你才会真正看见眼前人,珍惜你们之间的关系,因为你知道这些关系也随时可能失去。

想象一下,你身上装满了各种各样的东西——权力、财富、地位、名誉、关系、回忆、健康、情感——面向未来前行,你妄图把身上的所有东西留住,于是恐惧和压力倍增,因为你的执着之心太重,什么都不想失去,到头来畏首畏尾、患得患失。

换一个画面,想象我们面对的未来,那个远方充满了各种不确定性,但是现在你决定开始断舍离,你把身上的一切都进行了清理,你的内心不再执着于攫取,你只是单纯地去经历,因为你明白所有人在最终的地方,人生的一切都会被收回。这样的你面对未来的时候,内心明净,胸怀坦荡,无所畏惧。

囤积是因为我们想通过外物的延伸让内在膨胀,这是小我的运转机制。当通过极简清理把内在清理干净时,我们会发现那个小我的扩张和膨胀,只是一种出于恐惧的攫取。内在其实无法随着物品的丰富而丰富、随地位的提高而提高、随关系的扩张而扩张。只有把对外在世界的执着、粘连放下,我们才能让内心真正得到放松和快乐,才可以真正抵达安全的舒适港湾。

第二部分
快乐极简秘籍：清理身外之物

⇒ 内在源头释放法：告别难以割舍的物品

如果发现很多物品由于跟我们有太多情感、情绪的粘连，导致我们难以断舍离，那么，就需要对它们进行技术上的处理。

比如，对于曾经陪伴自己成长的玩具，孩子可能觉得它们是自己的朋友，怎么能丢掉自己的朋友呢？与恋人之间的纪念品，蕴含了太多当年的感情，比如不会再穿的婚纱，仿佛象征着这段完美的爱情和婚姻，是很难舍弃的。

物品本没有情感，是我们对它投注了情感，它才跟我们的人生有了牵绊。因此我们在清理的时候，要把这些情感的人格化投射从物品上收回来，让那件物品只是物品。当我们把这些情感的能量收回来的时候，物品就会回归成普通的物品。

我们用三句话来告别那个难以割舍的物品——**"谢谢你""很抱歉""再见"**。

第一句话，"谢谢你"。"谢谢你提醒我要爱自己，要断舍离。"然后做个深呼吸，想象跟物品上附带的情感告别。

第二句话，"很抱歉"。如果你还有其他的担心、顾虑、内疚，你可以说：**"很抱歉，我在你的身上投注了情感，现在我收回投注在你身上的所有故事和情感记忆，我允许你回归到物品，我允许你只是物品而已。"**

第三句话，"再见"。"再见，尘归尘，土归土，你会用新的形式回到宇宙中。"物品的本质是很多的分子、原子，是很多振动的能量，不管你把它扔到哪儿，它都会在这个世界上以某种方式去循环。所以，再见。

其实这些难以割舍的物品记录着你的习性，标志着你内在的一部分程序。要真正学会断舍离，还需要通过物品反窥我们的内心，**找到那个不能割舍的源头，彻底释放它。**

比如说，你面对一件难以清理的物品，闭上眼睛感受一下，把附着在上面的所有的故事、回忆召唤回来，去看看到底是怎样的情绪、怎样的内在动机让你觉得难以清理。

有可能是无意识的不安全感让你想囤积，所以把这个物品带回家里放了很久也不敢抛弃；有可能是想去炫耀你拥有这个物品的虚荣心导致；又或者是因为嫉妒别人有名牌包，所以你觉得自己也需要一个，但是买回来以后又不太有场合使用；还有可能是你觉得有了这个物品就代表你是某种身份；或者你想要去讨好周围的人，想要被认同，想要合群；又有可能是由于你的恐惧，你害怕没有钱会处境凄凉，不招人待见；也有可能是因为沉迷，沉迷烟酒、游戏或者购物，你明明知道这样不好，但还是不停地去重复这些行为；还可能是由于你的贪婪、执着、不舍；又或者是因为你犹豫、拖延、懒惰……

所以，你要清理的不只是一件物品这么简单，还有隐藏在内心深处的纷繁复杂的念头。

一位年近不惑的男士，热衷于收集照片，家里墙上、书桌上

第二部分
快乐极简秘籍：清理身外之物

布满了相框，柜子里也有一本又一本的相册，数目之多令人咋舌。当他意识到照片太多需要清理的时候，却发现每一本甚至每一张都难以清理。不过翻阅他的相册我发现，所有的照片都是他学生时代的，不止有胶片相机和数码相机拍摄的照片，还有早期手机拍摄的像素并不高的照片。

为了帮助他进行极简清理，我让他拿起每张照片，闭上眼睛去找出当时把它留下的动机和背后的意义。这位男士仅仅拿出几张照片回忆了一下，眼泪就从闭着的眼睛里流下来。原来，他从小到大最辉煌的时期就是读书时期，那时他成绩优秀，一直做班级和学生会里的干部，意气风发，在同学中很有声望。然而步入社会，他过的是比普通同学还平凡的人生，这种落差令他耿耿于怀，但他再也无法回到从前的荣耀时光。

感受到这个模式，他说："我看见了，我在这照片上看见的是我的美好回忆、虚荣，甚至有对现在生活的逃避、畏缩不前。"

看见那个难以割舍的源头，就可以把这些复杂情绪的能量加载到这个物品上，然后说"谢谢你，很抱歉，再见"。把物品扔掉，同时想象把那种负面的能量也舍弃掉了。

内在源头释放法是让我们通过物品，看见内在源头的各种情感、情绪是如何限制了自己。它与"收回投射的情感"相辅相成、互为导向，把两者结合，可以帮助我们完成由外及内的彻底的断舍离，把空间和自己的内在都清理干净。

功课

断舍离的内在源头释放法

1. 拿起物品，感受从这个物品上看见的自己的所有内在模式。

比如：

- 看见自己无意识的囤积。
- 看见自己很强烈的不安全感。
- 发现自己的炫耀、嫉妒、攀比、虚荣：别人有的我也要有。
- 发现自己想要去讨好别人。
- 发现自己逃避面对麻烦和困难。
- 发现自己非常贪婪，物欲强烈。
- 发现自己的恐惧和焦虑，总是担心会发生不好的事情。
- 发现自己对某些东西沉迷和上瘾。
- 发现自己贪吃。

第二部分
快乐极简秘籍：清理身外之物

- 发现自己执着、不舍、攫取不放。
- 发现自己反复纠结。
- 发现自己犹豫、拖延、懒惰。
- 发现自己对自己苛刻、吝啬。

2. 闭上眼睛，召唤和这种内在模式相关的所有记忆、画面和感觉。

3. 抚摸这个物品的同时说：

① 我在这件物品上看见了我的贪婪、囤积（任何你看到的你自己的内在模式）。

② 谢谢你，我看见了，谢谢你提醒我。

③ 我现在决定清理我自己，我现在要把所有"贪婪、囤积"的能量和这种能量所属的情绪、信念、记忆拿出来，加载在这个物品上，并和它告别。（用力捏这件物品，感觉把所有能量拿出来，加载到这件物品上。）

④ 谢谢你，再见。

4. 清理掉这件物品，做个深呼吸，感觉同时舍弃了相关的能量、信念、情绪，摆脱了相关记忆的束缚。

03
用好的能量
影响身边的人

影响身边的人，带他们一起做极简清理是很有必要的。如果只是你一个人的理念改变了，那么即便你把居住的空间整理得很干净，跟你住在同一个屋檐下的其他人，比如伴侣、孩子、父母、室友，又会很快把房间弄乱，或者把一些不必要的东西再拿回来，你还是无法真正做到极简清理。

理论上讲，你周围的人也是你能量场的一部分，所以必须要让身边的"松鼠症"患者参与进来，把极简清理的习惯进行传递，创造一个洁净的场所。

⇒ 带家人做极简清理

带家人做极简清理的时候，最简单的方法就是保持耐心，自

第二部分
快乐极简秘籍：清理身外之物

己先做示范，把自己的东西清理好，慢慢取得家人的认同。

如何教孩子做极简清理

幼小的孩子为什么也要做极简清理呢？他们在极简清理的过程中能学到什么？

首先，孩子会在极简清理的过程中学会告别。如果孩子从小就学会极简清理，他就会明白不能沉溺于过去，每天都要面向未来、充满希望，这对他来说是一个很好的事情；他就会知道现在拥有的东西不一定要一直陪着他，他可以把不要的旧衣服、玩具清理干净送给别人，学会分享和爱，避免成为一个自私的人。

其次，学会选择。孩子在极简清理的过程中，需要不停地做选择——假设有 20 个玩具，但现在只能留下 10 个或者 5 个，他就需要学会做最优选择。

再者，他还会明白，家里面不只有他，还有其他人。每个人都有自己的空间，每个家庭成员都需要去配合彼此、做出适当的让步，去为整体付出，因为这关乎家庭之内的爱和亲情。这也是他需要学习的。

"孩子做断舍离真的很困难，什么都不让扔，他都要玩。"一位妈妈在教孩子做极简清理时很头疼，不知道该如何劝导孩子。

其实，教孩子做极简清理，千万不能让他认为他拥有的东西少了，你要跟他讲是因为东西太多了，给家里造成了混乱，导致他没办法好好享用空间来玩耍，同时玩具那么多，每个玩具都不

减法的奇迹

能用心地玩耍,都不能陪小主人玩得尽兴,还影响了新的玩具进入家中。

给孩子阐明了这些道理以后,这位妈妈后来让孩子自己去做极简清理,很快孩子就整理出一堆不想再玩的玩具、不想再看的书等等。然后妈妈就表扬他,协助他把这些整理出来的东西或捐赠给贫困地区的小朋友,或送给学校图书馆。

之前,孩子可能只是不断地拥有更多的东西,导致他的玩具、文具和衣服等等都太多而不被珍惜。极简清理可以让孩子感受到物品的珍贵,逐渐学会珍惜。

如果你的孩子还比较小,可以给他读绘本《艾拉的雨伞》,该书讲述了一个有收藏癖的小姑娘艾拉,如何在家人的帮助下明白一个道理——**物质的囤积并不能给自己带来真正的快乐,帮助别人才会**。

你会发现,你如果给孩子过多的东西,其实是在培养他小我的部分——不断地想要拥有更多的贪欲。你如果教他分享,则是教会他跟他人相处,教他通过分享来获得更大的能量和快乐。分享表面上是失去了东西,但实际上得到的更多。这其实就是经济学当中的**边际原理**。

富翁已经有很多钱了,这时候再给他一块钱,他也不会快乐,但是把这一块钱分享给乞丐,乞丐会非常快乐。同样是一块钱,给富翁没有什么作用,扔在地上他可能都懒得去捡,但是需要的人得到就会很快乐。

通过把富余的东西分享给那些更需要的人，孩子可以了解到自己是重要的，人和人是可以相互帮助的，舍弃和快乐是可以同时存在的。

在教孩子做极简清理的时候，我们首先要以身作则，自己先做清理。当你在整理衣服、书、各种杂物的时候，孩子可能会看到并询问你。这时候你就告诉他你在做物品的极简清理，可以把这些东西送给其他人，让它们发挥更大的作用。

让孩子看过你清理以后，任由他去做自己的整理，可以每次规定一个区域或者类目，比如他的卧室或者他的玩具，让他一点点去清理，切不可代劳。你可以帮他把一些沉重的东西搬出来，但是要由他来选择哪些东西要或不要。你可以稍微指点一下，告诉他极简清理的意义和方法技巧。

把物品清理完以后，让孩子自己动手做整理和收纳，这也是锻炼他的自控能力和逻辑能力的时候。

让孩子也能够成为一个小小的极简主义者，从小能够学会极简和自控，识别消费陷阱，学会取舍。

带伴侣做极简清理

和其他家庭成员相比，你和伴侣之间的空间交集最多，比如共享的卧室、书房、客厅、餐厅、洗手间等。所以，伴侣很重要，如果伴侣不参与清理，那整个空间是没办法保持洁净有序的。一般来说，三观一致、有共同语言的夫妻比较容易形成同样的习惯。

首先要达成思想上的一致，告诉伴侣清理的意义，然后教伴侣一些清理的方法和技巧。

妻子先开始做极简清理的家庭往往比较容易带动，因为只要不随意把丈夫的东西扔掉，他一般意见都比较少，也比较顺从妻子的指派。

如果是男士要让女性伴侣做清理，可以先给她看相关的书、连续剧，然后给她讲述理论和方法，或者一起到别人家里去参观。一般来讲，女士对极简清理的接受度是比较高的，因为她们对空间整洁、美感，其实是很向往的，尤其是一些不用的东西整理出去后，她还可以添置心仪的物品，她会比较愉悦地接受极简清理。

教老人做极简清理

教老人做极简清理相对比较困难，因为从过去那种艰辛的日子一路走来，他们内心的不安全感、稀缺感非常强。

有个朋友的外公从以前那种苦日子过来，特别喜欢囤积，把自己的房间塞得满满当当不说，出门还会捡各种各样的瓶子、棍子、纸箱、塑料，就跟过冬的松鼠在窝里囤大量的坚果一样。

有位网友说，她的婆婆70多岁，每次下楼散步都会捡一些纸箱、塑料瓶、破花盆、旧书本回来，堆在家里阳台上、楼道里。堆满屋里屋外不说，还谁都不能动，一动她就生气。

第二部分
快乐极简秘籍：清理身外之物

经历过动乱饥荒、物质贫乏年代的长辈，会习惯性地囤积物品，坚信某一天会用上，并且他们还很固执，不听劝告，很难改变。

怎样带动这样的老人去做物品清理呢？

第一，以身作则，先把自己的房间彻底整理干净。

第二，把家里的公共区域整理干净。

你可以先简单地告诉他们，每个人的东西都要放回自己的地方，公共区域不可以放置私人物品。当公共区域干净、整洁了以后，老人看到可能会觉得，原来空间弄干净了还是挺舒服的，才有参与断舍离的可能性。

第三，从健康的角度，告诉他们杂物会带来细菌、引起疾病。老年人一般比较重视自己和家人的身体健康，这个说法对他们有一定的震慑作用。

第四，从空间能量场的角度，告诉他们杂物堆积如山对家庭中的场域能量不利，对家庭运势会有不好的影响。

有位女士在实践极简清理的时候，遭遇了父母等长辈很强烈的排斥。脾气暴躁的姥爷甚至怒斥她败家，说她不孝。被贴上这样的标签，她心里很难受，看着长辈们囤积的杂物堆满了屋子，甚至有蜘蛛结网，她心里很不痛快，但也不知道该如何在不冒犯家人的前提下继续清理下去。

后来她发现，老年人对场域能量比较信奉，对身体健康也比较在意，于是她就去先跟姥爷聊，说自己这几件旧衣物扔出去，也不影响家里兴旺；姥爷收藏的杂物卖了钱可以捐赠给一些公益组织，帮助贫困山区的孩子吃上早餐，其实更是行善积德；再者，杂物都清理出去，家里整理干净了，细菌、灰尘都会减少，场域能量会变得很好，而这一切会让家里的人身体更健康，生活更美满……

在她循循善诱的引导下，本就是退伍老兵、很有觉悟的姥爷率先开始清理自己囤积的物品，然后又用自己的"大家长"威望，成功让她的父母也开始实践极简清理。

第五，给他们做替换。你可以买双新鞋送给老人，让他感受到高品质鞋子的舒适，使他不再想穿旧鞋。帮助老人用新的淘汰旧的、用旧的淘汰破的，逐步升级。升级以后，他自己也会慢慢适应，觉得还是穿新的、干净的东西比较舒适。通过物品的替换，完成老人思想观念的转变。

第六，把老人囤积的杂物回收卖钱，告诉他淘汰旧物其实不是浪费，是可以赚钱的。

还有，多带老人到其他老人干净的房子里去参观，让别的老人现身说法。老人最喜欢听同龄人的意见，让他们来给自家老人做思想动员工作，向自家老人陈述、展示干净的空间住着如何舒爽、安心。

第二部分
快乐极简秘籍：清理身外之物

⇒ 带同事、室友做极简清理

除了家人以外，如何带动身边其他的人一起极简清理？比如公司的同事，尤其是一个团队的亲密伙伴，如果公共空间、每个人的办公空间都清理得干干净净、整整齐齐，团队的工作效率也会直线上升。

在公司做极简清理相对比较容易，自己以身作则，先清理自己的办公空间，该处理的处理掉，拍照做一些对比，告诉大家做极简清理的好处，然后你会发现公司的小伙伴其实是很愿意跟随的，毕竟同事都有差不多的知识水平和修养层次，相互理解起来比较容易。而且办公空间是自己每天待得时间最长的地方之一，谁都喜欢有一个清爽、高效的能量场。如果你在公司是领导的话，那么带同事做极简清理就更方便了，直接指导就可以了。

干净整洁是公司有效率的一种表现，员工在这样的办公环境里工作会非常投入。

还有就是你的室友。如果你是跟他人合租的上班族、和同学共享一间宿舍的在校生，那么你的室友是否做极简清理也同样影响着你的空间生活质量。尤其有的大学宿舍里是上下铺，你下铺收拾得再干净，如果上铺腌臜，还是会天天掉灰下来。而且一人不净，污及全屋——蟑螂毕竟是会到处爬的。

与带动家人、同事做极简清理的方法类似，你还是可以先以身作则，清理好自己的空间，形成一个有力的范本。如果你有余力，

[减法的奇迹]

还可以稍微收拾一下公共区域，让室友感受到干净、整洁空间的美好。

要注意的是不能越界，可以提点，但不可以强制他人，多用温婉柔和的方式帮助室友转变。

有一个女大学生践行极简清理后，虽然自己的铺位、书桌已经明显干净整洁了，但她的室友不为所动，继续我行我素，乱放物品，也不收拾公共空间。这位女生有一次实在看不下去，帮忙整理了一下室友的物品，却被室友指责乱动自己的东西。

后来她发现室友暗恋一个男生，于是在室友面前有一搭没一搭地说，那男生今天夸谁的书桌整理得跟图书馆里的似的，那男生垃圾分类做得好被做清洁的阿姨表扬了，那男生不太喜欢张三，因为张三回到宿舍总是随手把衣服往盆里或床上一扔……

潜移默化之中，室友开始转变，不再在公共区域乱扔物品，终于有一天走到这位女生面前，想讨教一些整理收纳的小技巧。

带他人做极简清理，毕竟牵扯到与人的沟通交际，需要耐心带动，也讲究一些因人而异的沟通技巧。虽然过程可能不那么顺遂、容易，但一旦身边的人跟着你实践起极简清理，与你一起清理共同生活的空间，那得到的愉悦、舒适就会让你觉得整个过程都是值得的。

功课

黑箱子整理法

极简清理时遇到那些暂时无法取舍的东西，可以准备一个纸箱，把它们扔进去，并用胶带封箱。箱子上写一个预定的开箱日期，可能是一个月或者几个月后，然后把它放在仓库里或者寄存在亲人、朋友家里。到预定时间后，如果谁也没有提到这个箱子，都忘了这件事情，那你就把它处理掉，这就叫**黑箱子整理法**。它的实质是把你当时没办法决定的事情延迟处理。

第三部分

身心轻盈了，清明的头脑还会远吗？

身体与心灵，从来都是进化一体、互为因果。当赘肉离开身体，那种轻松的感觉只有心灵知道；而随着头脑中错综念头的梳理、消解，身体的沉重感也会荡然无存。

从生活方式上，对自己的身体做一个全盘清理，包括饮食、作息、运动等日常行为，由表及里，转向清理内心的各种头绪、念头，实现超级时间管理的有序生活吧！

01

你的身体越轻盈，
内在越快乐

物品之外，我们还有什么需要做极简清理？头等重要的，自然是我们的身体。

爱自己的身体是一个老生常谈的话题。身体和情绪是可以相互感染的，当你的身体有疾病、损伤，或者充满了压抑的负能量的时候，内在的情绪、信念也会变得低落、负向，所以人是很难在身体处于糟糕的状态时去提升自己的心灵意识的。

身体是由细胞构成的，人体细胞有近 100 万亿个，是一个极其庞大的数量级。构成人体的细胞并不是一成不变的，它们在不停地衰老、凋亡、更新，由新的细胞来替代老的细胞。虽然人体不同组织结构的细胞迭代周期不一样，一些部位的细胞大约一个月更新一次，有的几天就更新一次，但笼统地说，为了保证身体的正常运行，细胞每年都会焕然一新，也就是说，虽然我们看上去没什么变化，但是身体的近 100 万亿个细胞其实绝大部分已经

减法的奇迹

是全新的了。

由细胞构成的身体，每天都在为我们持续不间断地服务，即便我们在睡觉的时候，身体也在工作，在呼吸、消化、运输氧气和养分，进行新陈代谢。那么多细胞组成了现在的我，形成了自主意识，使我成为一个有思考和行事能力的人，但是我们是否想过，去感谢自己的身体？

你的身体越好，你的意识、心灵才越可能成长，你的内在才越可能快乐，这是一个有机的统一体。所以我们首先要去爱我们自己的身体，爱我们身体的每个器官、每个组织、每个细胞。

然而事实是，我们在追求头脑感知到的那些情绪情感的快乐时，往往忽视了自己的身体，甚至滥用它、虐待它，让它暴饮暴食，让它熬夜、负荷过重、缺乏锻炼，又或者通过焦虑、紧张、恐惧等情绪，让身体的每一个细胞备受摧残和侵蚀。

《YOU：身体使用手册》里说，骨头如同支撑房屋的木料，保护家的内部结构；眼睛如同窗户；肺跟通风管一样；大脑好像保险丝盒；肠道如同管道系统；嘴是食物加工器；心脏好比供水枢纽；头发就像草坪；脂肪则像储存在阁楼里的没用的东西。

衰老和疾病的主要原因是什么？

1. 心脏和血管的老化。

2. 免疫系统的老化。

3. 环境和社会问题造成的衰老，比如精神压力、一些事故等等。

⇒ 负熵的饮食起居

我们一直认为，食物应该鲜美可口，其实这种观念是错误的。食物的首要意义不是美味，而是成为身体的燃料，作为每个细胞养分的来源。

人类还是原始动物的时候，没有添加剂和调味料，人类只凭借味觉，挑选出最有营养的食物。随着人类文明的发展，人类逐渐只能识别出美味，却判断不出某样食物对我们的身体是否有利。我们用食物满足吃的欲望，而不是满足我们身体健康的需要。你给身体提供什么样的食物，提供了多少量，提供的频率，会影响到你身体的每一个细胞。

对汽车比较熟悉的人知道，越高档的汽车越需要清洁、纯净的优质燃料，杂质高的燃料会产生积碳或其他问题，给发动机造成损坏。同样的道理，人体的"发动机"也需要最优质的燃料，这个时代人们患的70%～80%的病，都是吃出来的。癌症的"癌"字，外面一个病字框，里面有三张口，还有一座大山。三个口就好比你吃进去的食物、喝进去的水、呼吸进去的空气，一些劣质的东西吃得太多、喝得太多、呼吸得太多，像山一样堆积在人的身体里，人就必然会生病。

吃下去的东西，在你的内脏、细胞里淤堵不说，细胞接收这些海量的脂肪、嘌呤、添加剂后，一一分解代谢，转化成能量供给你的身体。你为你的近100万亿个细胞每天输送的都将是带着

——[减法的奇迹]——

各种添加剂、抗生素的垃圾食品转化出来的燃料。

即便是人体需要的营养成分，摄入太多也会造成负担，出现肥胖、糖尿病、高血压、高血脂、心脏病等各种问题，这在物质富足的现代社会非常普遍。

我家附近有个开桌游吧的老板，他每天中午 12 点到半夜 12 点之间，就是坐在店里接待来玩游戏的客人。他一个人坐在前台无聊，就不停地吃零食看剧，到了饭点再点个外卖继续坐着吃，白天、晚上不停地吃，越吃越想吃，不到 1.8 米的身高，体重接近 200 斤。

后来有一次我们几个朋友打算去桌游吧玩一下，却发现桌游吧歇业了。向旁边的店家打听后才知道，这个老板有一天突然头痛欲裂、阵阵眩晕，被紧急送到医院才知道，他患上了高血压、高血脂等疾病，现在迫不得已在家中节食、锻炼、休养。

所以，很多疾病都是吃出来的，这绝不是危言耸听。

曾有人列出十大垃圾食品，分别是油炸类食品、腌制类食品、加工类产品（肉干、肉松、香肠等）、饼干类食品（不含低温烘烤和全麦饼干）、汽水可乐类饮料、方便类食品（主要指方便面和膨化食品）、罐头类食品、果脯类食品、冷冻甜食类食品、烧烤类食品。

我们可以看到，垃圾食品并不是那种肮脏、难吃的东西，相反，

第三部分
身心轻盈了，清明的头脑还会远吗？

它们颜色靓丽、口感出众，吸引我们吃得欲罢不能，而忽略了它们含有大量防腐剂、抗氧化剂、疏松剂、营养强化剂、pH调整剂等的可怕事实。

日本人称"添加剂活辞典"的安部司从事食品添加剂相关工作20多年，日常工作就是研制各种各样的添加剂，按照客户的需求调配各种口感的食物。但是一次偶然的事件，让他陷入深深的自责。一天他忙完工作回家，发现妻儿正在吃一种美味的肉丸，他一看吓了一跳，那个肉丸就是他参与调配的，用化学调味料、黏着剂、乳化剂制作而成，里面其实连一丝肉都没有。"肉丸"事件之后，安部司幡然醒悟而辞职，开始做关于添加剂的演讲，带领普通消费者深入食品的"背后"，并着手从事无添加剂食品的开发和传统食品的复兴工作。

食品添加剂其实很容易理解，安部司给出的辨别法就是"厨房里没有的东西"。你的厨房里有油盐酱醋糖，丰富一点的还会有麻油、味精等等（味精已经勉强算是添加剂了），但你的厨房里不会放山梨酸、甲苯酸钠、增稠剂、胭脂红、亚硝酸钠、多聚磷酸盐、安赛蜜等等，这些厨房里没有的东西都是食品添加剂。你去看看食品包装袋，这些东西你早已吃下肚了。

我们身体里的小小细胞就这样被我们吃进去的垃圾食品消耗、损坏，所以为了身体的正常运作，我们就要做负熵饮食，精神上要吸收负熵，身体也要吸收负熵。

奥地利理论物理学家、诺贝尔物理学奖得主薛定谔在1944

年出版的《生命是什么》一书中提出了负熵的概念，试图解释生命的物理学本质。他认为**人活着就是在对抗熵增定律，生命以负熵为生。要防止熵的增加，我们就需要汲取负熵，而汲取负熵则需要跟外界做交换。**我们吃喝、呼吸，是一种获得负熵的方式。

想填饱肚子的食欲、味觉产生的美好感觉，是为了让人类这个物种生存下去，而不是为了享乐。我们不能为了追求快感，滥用了这种功能。

我国航空生物医学工程的创始人俞梦孙院士致力于航空、生物领域的研究50多年，他也提出了生命是以负熵为食的观点。

既然是负熵饮食，我们就要注意吃进去的东西到底是好的还是坏的。

负熵饮食

负熵饮食就是多吃阳光直接照射的食物。简单地说，就是去吃源头的东西，源头就是跟阳光最近的。跟阳光最近的是蔬菜，但是只吃菜也不行，还需要摄入一些肉类。我们可以选择离植物最近的牛、羊这些素食类动物的肉，也可以选择鸡鸭鹅肉，虽然它们吃了很多杂食，但也摄入了地面上的很多矿物质、水中的小虫之类，相对来讲也比较接近源头。

工业化大棚里的蔬菜为什么不够好呢？因为照射到大棚里的光线经过折射，看上去光照充足，其实不够天然，导致在和自然环境的能量交换过程中蔬菜的熵受到了影响。俞梦孙院士说，现代营养只是注重糖、脂肪、蛋白质、维生素、微量元素，但是没有注意食物的四气五味，而这是中医饮食的精髓。大棚蔬菜跟自然环境中生长的蔬菜看起来差不多，其实四气五味是不一样的，它们吸取的熵值也是不一样的。

所以，我们选择食物应尽可能地挑选接近原始状态的，多食用新鲜的水果、蔬菜，杜绝腌制、油炸、膨化食品和碳酸饮料等等，免得吃出一身毛病。

食物的选择和摄取规则其实很简单——**当季、新鲜、低加工、少合成、有机无污染、适量。**

我们在购买食物的时候，不要总去关注食物的颜值。养殖场工业化、流程化、精细化生产出来的鸡蛋，个头大，圆润饱满。但如果你自己养过鸡，就知道野生放养鸡生出来的蛋，不可能齐刷刷的都是同样的个头和形状。

真正的美食，仰仗的是食物本来的味道，很少需要复杂的烹饪工序和繁复的调味品，有时候就加一点油盐就很好吃了。

同时，我们应该更多地摄入水、蔬菜、豆类、水果、鱼肉这些负熵食物。

负熵的作息

负熵的作息是根据中华医学的子午流注来安排的。现代人晚上睡得晚，半夜两三点睡觉，中午12点才起，这种作息非常伤身。因为在不同的时辰，不同的内脏器官在运行它主要的功能。根据这种规律安排作息，更加有利于身心养护。比如说：

一早起床，这时候最利于上厕所、喝杯温水促进身体新陈

| 减法的奇迹 |

代谢。

7点到9点，时间再紧张，都要把早餐吃好了，这样才能维持一天工作、学习的正常血糖。

11点到13点，人的心经最旺，这个时候要保护心脏，吃完午饭稍微休息一下。

23点，一定要睡觉，这个时候身体最容易启动内在的修复。

如果凌晨还工作、学习、喝酒、玩乐，对身体造成的影响是非常大的。

为什么越来越多的年轻人猝死？就是因为该睡的时候不睡，该吃的时候不吃，该工作的时候不工作，所有的时间都是混乱的，人的机体无法在适当的时间自我修复，必然会出问题。其实爱护身体很简单，身体和自然的规律是合拍的，我们只要跟随自然和身体的规律作息，就可以保持健康和活力。

适量运动

运动非常重要，哪怕每天散散步、骑骑车，做一些和缓的室内运动，都是对人体有好处的。

现代人普遍体重超标，每天带着一堆赘肉四处奔波，增加了内脏的负荷和身体的损耗，就好比汽车载着后备厢里一大堆重物开来开去，车胎、轴承的磨损必然很严重。

所以，我们每天要抽点时间进行体育锻炼。每天可以抽出30分钟慢走或慢跑，或者做一些持久力的训练，如骑车、游泳，又或者做一些力量型训练，如器械训练，再或者做伸展瑜伽，甚至

第三部分
身心轻盈了，清明的头脑还会远吗？

做冥想呼吸都可以。这样过一段时间后，你会发现整个人的精神状态和身体状态都会变好。如果你的空余时间实在有限，那你可以把一些运动穿插在日常作息里，如上楼时可以爬楼梯，上班路程不太远的话可以骑车或者步行，不需要刻意地安排时间，就把运动给补上了。谈事情的时候，约去一个景色怡人的地方边散步边聊，也挺好。

负熵的情绪

有次我参加一个脑神经和心理健康会议，某医院的病房主任告诉我们，60%左右的癌症病人都是被"吓死"的，因为医院检查出癌症，一通知病人，病人就吓坏了，然后整个情绪、精神就崩溃了，接着免疫系统的抵抗力急剧下降，人就死得很快。为了让我们的身体、精神有个良好的状态，情绪是非常重要的。

我们的情绪和内分泌系统、免疫系统、消化系统等不是分离的，而是一个统一的系统，所以情绪可以导致我们身体患病，也可以帮助疾病的缓解，甚至治愈疾病。

一方面，从物理层面来看，**调节情绪需要适量补充维生素、营养剂。**

挑选维生素、营养剂时，要注意：不要去看所含维生素和营养量有多少，而是首先看是从哪里提取出来的。负熵食物最关键的一点就是离天然的阳光近，离最原生态的有机植物近，所以好的维生素、营养剂都是从天然的植物里提取出来的。

另一方面，**身体的调理**。诸如艾灸、推拿、刮痧、疏通经络、站桩、打太极、打坐、泡脚、唱歌、跳舞、行走、做家务、旅行等等，都是我们的身体、细胞所欢迎的，有利于人体产生负熵的情绪，拥有好的情绪体验。

另外，**我们要爱惜自己的外形，让自己每天都干净整洁**。把自己的房间打扫得赏心悦目，也要让自己的外形赏心悦目，内外洁净，美观得体，这是很有必要的。

如果很爱自己的话，你的精神熵会很低，你就可以控制自己的身体和情绪。

⇒ 轻断食的践行

正常状态下，人的消化、吸收、代谢过程是平衡的，但是生活在充满污染的环境中和忙碌生活压力下的人，很多时候无法摆脱暴饮暴食的诱惑，高脂肪、高胆固醇、高热量、高盐、高糖导致五脏、血液系统、淋巴系统中积累了大量无法及时排出的毒素，淤堵了生命的通道，扰乱新陈代谢。

日本科学家大隅良典因为发现细胞自噬机制，荣获2016年的诺贝尔生理学或医学奖。**细胞自噬理论是指细胞在饥饿的时候，会把自己体内无用的或者有害的物质分解、吃掉，以提供自己生存所需要的能量。**自噬理论的关键是细胞饥饿。自噬理论认为自

第三部分
身心轻盈了,清明的头脑还会远吗?

噬作用还可以决定人类的寿命。许多疾病包括癌症和一些神经性疾病的发病概率都会随着年龄的增长而升高,就是因为年龄增大以后细胞自噬的效率降低了。

所以,我们要想减少生病、增加寿命,就可以帮助细胞开启自噬机制,因此首先就要让细胞饥饿。

轻断食行为不是最近才出现的。远古时期人类以狩猎为生,经常捕不到猎物,因此可能经常没有东西吃,所以我们的身体和基因本身就可以承受偶尔食物匮乏的情况。

在中国也有这样的谚语,比如,"四时欲得小儿安,常要三分饥与寒"。轻断食让很多人感到恐惧,因为对食物的依赖是人的天性。人最大的本能是生存,最大的恐惧是死亡。

其实,地球上很少有动物是顿顿吃饱的,只有我们人类是过度饮食,我们需要从缺乏食物的恐惧中逐步解脱出来。进行一些轻断食,对我们的内在也是一种修炼。

轻断食最大的问题并不是饥饿本身,而是恐慌,很害怕不吃东西会饿死,这种头脑中的恐惧最为严重。

轻断食最大的阻碍并不是身体需要食物,而是嘴巴很想吃东西——不饿,但是想吃。通过轻断食,你可以区分什么是想吃的欲望,什么是身体的需要,这两者截然不同。

我认识的一个人曾经嗜吃到了疯狂的地步,他几乎每时每刻都忍不住要吃东西,一逮住机会就要往嘴里塞东西,开重要会议时没法明目张胆地吃，他就不停地喝饮料。为了克制食欲，他就不在家里放吃的，但是经常控制不住，翻箱倒柜地找能吃的，最后往往还是忍不住叫了外卖。

可想而知，他做轻断食的时候，吃了一番苦头。最艰难的时候，我建议他给自己一点身体上的疼痛惩罚，然后闭上眼睛静坐，想象看见前面有个很贪吃的自己。他虽然吃饱了但还是不停地想吃东西，他的身体已经长出很多脂肪，也明显不需要甚至排斥食物了，但欲望还是把身体往食物面前拖拽。

所谓观照，就是看见自己的起心动念，看见每个行为背后的基础的欲望。

轻断食有什么作用？

首先，让你不再做食物的奴隶，吃东西从食欲导向转为自我意识导向和控制。

其次，轻断食以后，睡眠和情绪会有所改善，头脑更加清晰、更有创意，工作效率也随之大幅提高。

轻断食是让身体充分发挥自我疗愈、自我修复的机制。

如果经常践行素食、轻断食，你就会收获一个意外惊喜，那就是你的味觉更加敏锐了，更能够品尝出食物本真的味道，你会对合成的食物极其敏感，对食物的好坏有更加本能的区分。

轻断食不是完全不吃，而是每天摄入不超过 800 卡路里的热量，它比全断食更加安全和舒适，减脂和促进新陈代谢的效果也

第三部分
身心轻盈了，清明的头脑还会远吗？

很好。轻断食期间，你可以饮用鲜榨果蔬汁。

轻断食有很多种：

半断食，其间只食用平时一半的分量，简单、少油、偏素。

果蔬轻断食，只吃水果蔬菜。

果蔬汁轻断食，不吃固体的东西，只喝果蔬汁。

清水轻断食，不吃东西，只喝水。

我们建议每个人按照自己的身体情况安排轻断食计划，提倡以7天或14天为一个周期，工作日以素食为主，偶尔吃少许鱼肉或牛肉，周末可以进行果蔬汁轻断食。

如何进行果蔬汁轻断食？

首先，你需要购买很多新鲜、无农药污染的有机水果和蔬菜，还需要准备很多矿泉水。水果可以去皮后榨汁，或者榨汁之前用解毒机进行处理。葡萄可以洗干净后，连皮带籽榨汁。

购买建议：梨、猕猴桃、苹果、葡萄、黄瓜、西红柿、菠菜、芹菜、胡萝卜、生姜。

尽量把果汁和蔬菜汁的比例维持在2∶8，因为果汁糖含量较高，要注意控糖。

其次，在果蔬汁轻断食的过程中，要注意身体保暖。

如果有人怕胃寒，忌食生冷，可以把果蔬加工成热汤食用。比如青菜、蘑菇、萝卜、西红柿煮在一起，也很好喝。

我们一般在周末两天进行果蔬汁轻断食，到星期日晚上，可以缓慢退出轻断食，因为周一很多上班族、学生需要恢复正常的

> 减法的奇迹

饮食，以保证体能的供给。这个时候最简单的恢复方法，就是吃少许热的稀饭，配点少油少味的热素菜，切忌一下子吃很多，把已经习惯了轻断食的胃撑坏。

轻断食的过程中，我们也可以做一些拉伸运动，配合深呼吸，帮助排除肺部的代谢废物。

坚持了14天的轻断食后，你会发现自身发生了一些有趣的变化：

第一，当你再去做断舍离清理的时候，会干脆利落不再纠结，因为你的身体变得轻盈了，你想要去囤积物品的杂念、执着也减少了，清理东西也会很爽快。

第二，你的审美变好了，什么东西比较美观，什么东西该放在哪儿，怎样的空间布置场域能量好……你本能的直觉变得很强。

我自己的经历就是，做轻断食这种身体的清理以后，我就很能够感知我的整个房间要怎么清理，家具要如何调整，光线要怎样设计。这就是先通过身体的清理增强我们身体的智慧，然后再来影响我们对所处环境的调整。身体的调整，可以辅助环境的调整。

不过，轻断食要根据自己的年龄和身体状况酌情实践。比如年纪太小的孩子就不需要，除非过度肥胖。年纪大一些的长者倒没有什么限制，比如我的父母 70 多岁，每年都会进行一些轻断食活动。

需要强调的是，在没有专业老师指导的情况下，千万不要贸然尝试辟谷，因为人长时间不吃东西是会饿坏身体的，而轻断食则是比较安全和健康的。

功课
制订负熵食谱和运动计划

1. 把家里不健康的食材、调料、主食、零食进行清理。

2. 按照自己的体重和体质,制订每周的运动计划,建议每周不少于2次,每次不少于半小时。比如慢跑、快走、游泳、瑜伽、打太极拳、骑自行车、拳击、跳操等有氧运动。

3. 制订自己的每日负熵食谱。

02
从注意力碎片化的风险中脱身

我们不仅要清理我们的房屋,还要清理我们的身体、头脑,尤其是要对输入大脑的信息进行清理,帮助我们进行注意力管理,让我们摆脱忙乱无序。

注意力是我们在某件事情上意念聚焦和投入的程度。每个人每天拥有的时间都一样,都是 24 小时,但由于注意力的千差万别,有的人可以很投入地做事情,有的人则容易被各种各样的事情打扰,所以在同样的时间内每个人呈现出来的效率和成绩大不相同。

现代人要做好注意力管理实属不易:所有的手机软件设计的初衷就是为了抢夺我们的注意力,占据我们的时间,通过大数据技术、心理学,它们获知我们的喜好,变着花样吸引我们的注意力,想让我们把越来越多的时间投入其中。比如新闻类软件会收集我们的阅读方式,知悉我们的喜好,用信息流的方式推荐新闻,我们打开手机以后就会被牢牢地吸引。

我们日常生活节奏也越来越快,越来越互联网化,我们很难把注意力长时间地放在某项工作上面,已经习惯了碎片化学习。

打开一个短视频,如果它前几秒钟不吸引你,你就会把它关掉,很难坚持看完,哪怕后面是精彩的内容。我们很难再从头到尾不间断地看完一部电影,或者持续看书几小时。

注意力碎片化让我们变得越来越难以集中精神,让我们一坐下来就感觉浑身不舒服,情绪化、易怒、焦虑、烦躁、拖延,注意力越来越难被我们规划和利用。

一个人如果不能规划自己的注意力,就会成为一个被大数据裹挟的人,很难有所作为。所以,我们要做注意力的断舍离,要减轻、清理自己的注意力负担,减少分心,让自己能够专注、投入。

你的注意力足够吗?

首先,看你是否能长时间离开手机。如果你时不时就要去看一下手机,你所有的信息、娱乐、工作都在手机上,你很可能已经注意力碎片化了。

其次,制订一个关于工作、学习或者健康的目标,比如写报告、看书、健身等等,看自己能不能很投入地、长时间地、持续地沉浸其中,达成目标。

再次,看你做事情是否头脑清晰、效率很高。你做事情的时候,头脑是否只聚焦这一件事情而不被其他事情干扰?

通过上述三种自测方式，你大概可以知道自己的注意力是否已经碎片化了。

⇒ 如何做注意力的断舍离？

第一，清理分散注意力的东西。

清理手机上消耗我们注意力的不必要的APP，比如一些游戏、视频、购物类应用。不需要的APP不要装，平时不太用的也可以清理掉。

我有个同事，我们都称他为"互联网公司最了解的人"，因为他每天手机不离手，一分钟要看好几次，吃喝拉撒都要抱着手机随时随地看一看，所有的行为都被互联网公司精准预测了。他自己也意识到有点手机上瘾，玩手机几乎成了条件反射，手机都快成他的"体外器官"了。

在我们的鼓励下，他先是删掉了手机里大部分对工作无用的消遣类APP，比如各种短视频APP、购物APP、游戏APP等，就像《老友记》里朋友们鼓励瑞秋剪掉她父亲的信用卡，正式开启独立生活一样。既然管不住自己的手，就先把手机管理起来。这个举措果然非常有效，虽然刚开始他还是控制不住要打开手机，但一看里面没得玩、没得看，就很自然地放下了。经过一段时间，他发现，

一[减法的奇迹]一

自己不再像有强迫症似的要时时刻刻看手机了，经常半小时都不碰它。

所以，尽量不在手机中安装消磨时间的娱乐类软件，卸载那些除了消耗你的时间外，没有给你带来任何知识、营养、资源的软件，这是注意力减负的第一步。

第二，清理手机、电脑里的垃圾，释放空间。

垃圾清理可以用手机管家、电脑管家等软件轻松搞定。相册是需要着重清理的角落，不需要的照片、截屏图片尽量删除。电脑桌面、手机桌面如果是乱糟糟的，就很容易形成忙乱的感觉，所以也需要整理。

清理手机里的联系人，包括手机通信录和微信等社交软件里的联系人。你会发现我们需要联系的人其实并不多，有的联系人你甚至忘了是什么时候添加的，根本就不认识；有的人你从来不联系，以后也不会联系，那为什么还要把他们留在你的手机里呢？清理负能量的好友，如果某个人发布的信息你丝毫不感兴趣，甚至感到有一些不适，那么就要删除这个联系人。

控制信息的获取。这是个信息大爆炸的时代，各种信息纷至沓来，我们的时间和精力被严重分散。但信息和有效信息是两码事，有效信息是发人深省、让你提升的。我们需要精简信息的输入源头，减少使用社交网络和即时通信的软件,少看微博、朋友圈。但凡获取信息就要认真、高效，我们阅读新闻、看朋友圈要限定

第三部分
身心轻盈了，清明的头脑还会远吗？

时间，避免获取无用信息和过度获取信息。

还要减少一些微信群，如果你收到一些群消息，但从来不会去看，那么退群也不会有什么影响。同样，关注的微信公众号也需要做极简清理，如果不是新媒体行业的编辑，就不需要每天去看几十上百个微信公众号。不再关注那些缺乏干货的、对你没有正向滋养的微信公众号，同类型的微信公众号则可以二选一。有些好的内容你没有即时看而是先收藏了起来，那你过两天再去看这篇文章，有可能已经不想看了，可以直接取消收藏。

第三，减少使用智能设备，尤其是手机。

有个笑谈说，当代社会，成功路上的第一个敌人是手机，第二个敌人才是自己。

有位从事线上教育咨询工作的朋友，每天早九晚十都扑在工作上，并不是她自己愿意这样，而是因为有了手机。下班之后还会有人咨询，同事也随时随地在工作群里呼叫她，虽然公司并没有强制加班或者规定必须随时接受客户咨询，但她打开手机就忍不住去回复消息，导致她完全没时间、精力去锻炼，去提升，看书、学习效率也不高，有时太累，听着网上的课程就睡过去了。

其实，她想改变这种状态很容易，最简单的方法就是到点就把微信关掉或者把手机静音。既然她一听到消息提示音、一看到消息就要回复，那就把消息的源头堵住。这并不涉及敬不敬业的问题。她把自己的心力耗损得太厉害了，焦虑烦躁之下反而会使

减法的奇迹

她做不好事情，给别人做咨询也可能提不出好的建议，没有时间去学习、提升，于公于私都不利。

所以，我们首先要禁用手机软件的推送功能，除非个别软件关乎你的工作，比如你的领导、同事要通过它找你，其余大部分的软件不需要让它推送，或者至少设置固定的接收推送的时间。因为你并不需要知道突发新闻的每一个细节，除非你是媒体工作者。工作时可以频繁查看手机，但是其他的时候，一定要养成延迟回复的习惯，否则，来来往往的这些交流互动会让你没法脱身，时间都被碎片化，无法专心做事。减少使用手机等大量消耗你时间、精力的智能设备以后，你会发现你的时间多了起来，你才有空暇去思考，给自己安排计划、学习、成长。

其次就是每天要有一段时间，可能是学习或者参加会议等需要投入的时候，把手机调成静音或者关机，又或者放在离自己比较远的地方。手机控可以下载一些定时开关机的APP，这样，让手机到点自动关机，帮你完成手机的极简清理，开启静心模式。

还有，要尽量远离让注意力碎片化的手机软件，比如各种短视频APP，这些应用容易让人上瘾和沉迷，长期使用会导致注意力的碎片化和稀缺。

你可以再进一步，尝试一下"无手机日"。如今很难想象出门不带手机是一种什么感觉，手机仿佛已变成了我们身体的一个扩展增强的器官，不带它就好像失了魂似的。不过，我们可以通过和手机保持一定的距离，把我们内在的自己找回来。

第四，打造高效能环境。

我们需要在家里或者工作场合打造高效能的学习和工作环境，通过环境的影响，帮助自己集中注意力。

首先，给自己断网。 极简主义的倡导者乔舒亚曾说过，掐断家里的网络服务是他做过的最有生产力的决断。因为网络让我们跟世界连接在一起，也让我们的注意力发散到了无限远的地方。

乔舒亚说，比起花时间上网，我可以做更多有意义的事，比如写作、锻炼、为他人做贡献、建立新的联系、加深与业务的关系等等。

其次，卧室里不要放电视。 电视里的节目太多了，尤其是互联网电视，里面有成百上千个频道，一圈翻过去再翻回来，完整的节目没看几个，时间却消磨了不少。

卧室里放电视还有一个弊端就是，睡前是一天中比较疲惫的时候，也是精神熵最大、抵抗力最弱的时候，这时我们很容易打开电视而不睡觉，极大地影响睡眠。

最好手机和电视机都不放在卧室里面。当没有电子设备在身边的时候，睡前你还能做什么呢？可能是看看书，做做未来的规划，思考一些方案、合同，解决待办事宜，和你的伴侣、孩子聊聊天，和你的宠物玩耍……这样你就很容易静下心来，回到生活当中。累了就早点休息，让身体从一天的劳累中恢复过来。

第五，避免多任务并行。

多任务并行就是同时去操心、处理好几件事情，这其实是个很难纠正的坏习惯。

可能此刻你的电脑上就有好多打开的程序，桌上还摊开放着一本书。你一会儿要编辑文稿，一会儿要上网查资料，一会儿要去注册登录一个财务系统，一会儿要在QQ上和老朋友聊天，时不时还看几页眼前的书……这就是多任务并行，你会发现你的注意力极其分散。

多任务并行是不是要严格禁止呢？不是的，处理一些不怎么需要思考的事情，你可以尽量多任务。举个例子，你可以在家里一边浇花，一边用洗衣机洗衣服，一边煮饭，顺便还能跟你的闺密语音聊天，这个时候你大可多任务并行，充分利用时间。

但如果要写一份年终总结、画一张设计图、做一份策划方案、写一篇论文等等，就不能多任务并行，因为这些事需要你极度专注。在做一些需要耗费注意力、创造力，需要安静思考的事情的时候，要避免多任务并行。

多任务并行会让学习碎片化，头脑意识的注意力很浅，假设你在听课的同时开车，那你听到的概念、知识点，萌生的想法，在停车的瞬间可能就全部忘掉了。

因为信息从头脑的注意力窗口飘过，需要我们花时间、花心力去捕捉、消化。很多时候你感觉在学了，但是学完都忘了，就是因为多任务并行造成的注意力不集中。那样的话，只是耗费你的注意力、消磨时间而已,收获会非常少,甚至把学的东西记错,这种学习还不如休息。

第六,把注意力集中在期盼的事物上。

里奥·巴伯塔的书《少的力量》里,阐释了极简主义的一个重要观点,就是少即多。因为任何事情是需要花时间去关注、去享受、去投入的,事情一多,花在每件事情上的时间就少了。

同理,当我们去管理自己的注意力的时候,要确保把注意力集中在自己期盼的事物上,比如集中在我们想达成的业绩、带给家人的良好感觉、我们的健康、收入上等等。

此外,我们每周还可以花点时间来做冥想和思考。每周可以进行一次独立、安静的冥想和思考,做一些抽离的思考,从一个外人的角度来评估自己,看看自己一周的生活、工作、学习情况。评估不是为了给自己压力和批判自己,而是一种引导和提醒。因为人很容易进入惯性状态,通过思考可以给自己全新的视角、维度和想法,这就是思考的力量。

关于注意力还有一点,就是当有太多的事情可以做的时候,我们要确定哪些事情是可以不做的。吸引我们注意力的事情很多,我们的出发点不应是这个能不能看、好不好玩、可不可以做,而应是这个我可不可以不看、可不可以不玩、可不可以不做。

公司里有位年轻的同事,一直想考托福出国,但我看她每天的午休时间,吃完饭就抱着手机玩游戏,玩得不亦乐乎。我问了

减法的奇迹

一下她每晚的作息,也是每天下班回家,先吃着饭追剧,然后去跑步锻炼,睡前再开始背单词、做试卷,但时间已经所剩不多,心里惦记着这事就无心睡眠,躺下了也不踏实,翻来覆去。

很明显,这位同事没有把注意力从那些可以不做的事情上移开。对一个要考试出国的人来说,玩游戏、看电视剧都是可以不做的,甚至锻炼都可以不那么频繁,或者穿插在上下班时间里,通过走路、骑车的方式完成。每天被多种娱乐活动刺激,就很难沉浸在一个略显枯燥的事情里,但是学习一般来讲都会有点枯燥,你翻看一本书,背单词、语法,并不会带给你新鲜的刺激。

注意力是很稀缺的,所以无关紧要的事情,我们可以忽略掉、删除掉。

功课
累赘信息大扫除

1. 清理关注的微信公众号。

取关那些没有干货、没有学习价值的微信公众号；同类的可以二选一；增加对你未来成长有用的微信公众号，总数控制在 20 个以内。

2. 减少使用社交网络、即时通信软件。

少看微博、朋友圈；少发朋友圈，不要刷屏；每天限定看朋友圈、看新闻的时间，一天 20 分钟即可；有好的内容，不一定要马上看，可以先收藏，过两天可能就不想看了，可以直接取消收藏。

形成一个习惯：当手机有消息提醒的时候，延迟查看；或者间隔 1 小时，统一查看和回复。

3. 清理微信好友。
4. 清理手机联系人。
5. 清理手机软件。
6. 清理手机、电脑里的相册。

[减法的奇迹]

7. 清理电脑硬盘、文件、长期不用的软件。
8. 清理电脑桌面。
- 让你任何时候都觉得,你接触的东西都是干净整洁的。
- 让你逐渐减少消耗在社交网络和互联网上的碎片化时间,让你自己的"心灵带宽"能够有富余,能够集中心力去做生命中更有价值的事情。

03
清理内在心结，让你心无挂碍

除了注意力涣散，我们还要关注心力的损耗。举个例子，每每想起曾经被人恶意对待，你就会觉得生气、愤怒，像这样心里有挂碍就是在耗损你的心力。

比如你不甘于做现在的工作，但对未来又不知如何开启、怎么去做；或者下周就是你的结婚纪念日或是朋友的生日了，你觉得很重要，思虑着如何安排，但又迟迟没有开始做准备；股市起起伏伏，有人瞅准机遇挣了不少钱，你也想去学投资但一直还没有行动，成为挂在心里的一个任务；被伴侣安排去接孩子放学或者去开家长会，你一整天都反复提醒自己、害怕会忘记；明天有一场重要考试，或者要赶一趟很早的航班，抑或要主持一个关乎公司存亡的招商会，你担心闹钟不响、文件没准备好或者临时会出什么纰漏，整晚睡不好；又或者是你跟一个人的关系，你想要表白或者想要分手，但总是没有机会表达……

[减法的奇迹]

这些存在心里但还没有发生的事情，有的甚至只是你脑海里浮现出的一丝想法，都在占据你的心力。如果把你的内在系统比作一台电脑，注意力是电脑开机后你主动打开的程序，那么心力的挂碍更像是长期在后台自动运行的程序，什么都没做却耗费了你大量的内存。

⇒ 如何做到心无挂碍？

心无挂碍不等于没有事情，而是心中没有事情，即使有事情也可以不损耗心力。比如：你一想到某个曾经自己亏欠于他的人，就觉得心有挂碍，要做到心无挂碍，你就应该在想到这个人的时候，直接给他发致歉信息，把你的亏欠做个了断；你有一件很重要的事情要处理，可以告诉你的秘书或者身边的朋友，让他负责提醒你，也可以在手机上设置日程提醒或定个闹钟，这样你心里就不需要去记挂这件事情了，也可以做到心无挂碍。

心里有挂碍是因为心力的缺失。哈佛大学终身教授、行为经济学家穆来纳森在《稀缺：我们是如何陷入贫穷与忙碌的》这本书中揭示了稀缺心态的各种复杂成因和后果，认为**"只有对'带宽'进行合理的规划和管理，我们才有可能从稀缺走向富足"**。7岁从印度移民到美国，而立之年就几乎拥有一切的他，觉得自己唯一缺少的就是时间。他的脑袋里永远有各种计划，总想自己有多

第三部分
身心轻盈了，清明的头脑还会远吗？

个分身去搞定所有事情，结果却常常陷入承诺无法兑现的泥潭。

后来，他在做一个国际扶贫研究的项目时，发现自己的"时间匮乏症"和"穷人的焦虑"有着惊人的相似之处——哪怕给穷人钱、给有拖延症的人一些时间，他们也没有办法好好利用，最后穷人还是穷人，有拖延症的人还是缺乏时间。

他忙碌、拖延的问题背后不是没时间，而是长期在这种生活模式下，他的头脑习惯了解决最着急的事，而不是最重要的事。即使给自己充足的时间，但处理问题的模式没有变化，原来拖延、忙碌的问题依然会存在。

在长期资源匮乏的状态下——这个"资源"包括钱、时间等，对稀缺资源的追逐已垄断了人们的注意力，使人忽视了更重要、更有价值的东西，造成了心力聚焦和资源管理的困难。也就是说，在特别穷或者特别忙的情况下，人的智商、判断力会全面地下降，导致进一步的失败。长期的资源稀缺培养出了"稀缺头脑模式"，导致失去决策所需要的心力——穆来纳森称之为"带宽"（bandwidth）。

一个穷人为了满足生活的需要，每天精打细算，想的是吃了上顿要准备下顿，哪里买东西便宜，哪家商店在打折促销，"带宽"都用在了考虑这些事情上，最终没有任何"带宽"用来考虑长远的打算和发展。一个过度忙碌的人，头脑里的内存全部被用在最着急的事情上面，没有"带宽"去为更大的事情做决策、为未来做抉择。

[减法的奇迹]

电脑在内存使用率为30%~40%的时候很顺畅，开各种软件、编辑文档、玩游戏都没有问题，当内存使用率达到80%~90%的时候就极其缓慢，打开"word"软件都会卡顿，甚至死机。我们的头脑也一样，看上去可以同时处理很多事情，但是如果我们心里面的"带宽"已经被用光了，那么每件事情都会处理得不尽如人意。

再者，**如果把大部分的能量、心力耗费在眼前纷乱的事情上，我们就很难看见未来。**

⇒ 如何回收我们的心力？

第一，通过外在的清理来收回心力，目标就是达到心无挂碍，心中没有旧事。

整理出我们需要清理的事情，一件一件地完结，让你的内在只有现在的事情，没有过去的事情牵肠挂肚、耗费心力。

需要清理的事情：

1. 可以弥补的事情立即弥补，比如道歉、感谢、告白等。

有个小伙子，童年的时候不懂事，霸凌班里的一个略有残疾的男生。长大成人之后，他对这件事耿耿于怀，总觉得自己的所作所为十分罪恶，还经常梦魇。这就是心力的耗损，他的

第三部分
身心轻盈了,清明的头脑还会远吗?

内存、头脑、心的"带宽",有一部分分给了这件不愉快的事情。

要真正与这段不愉快的经历分离,很简单,去找到那个男生,向他真诚地道歉。事情已经发生多年,童年的自己心智、道德模式的构建还不健全,现在成年的自己认识到了当年的错误,愿意为过去的自己承担错误。他真诚地把自己的愧疚、歉意表达出来后,就如同放下一块心上的石头,感到轻松了很多。

2. 可以了断的,订一个终止的方案。

比如说有人向你借了钱长时间不还,你心里总记挂着这件事,一想到就心生烦躁,你就需要对此做个了断,告知你的朋友借的钱该还了,如果无法全额还清,就手头上有多少先还多少,剩下的部分约定一个具体的时间再还。明确告诉朋友这件事情需要了结,要怎样处理。如果朋友耍赖拖延,你要告诉他,这件事情现在必须要有一个明确的说法,不能含含糊糊滞留在你们之间。如果他不想还钱,朋友不想做了,那么你就接受,但是要把话都跟他说明白。用这样的方式,给这件事情做一个了断,从此心里不再记挂。

再比如说你的人际关系,如果跟某些人相处得很不舒服,你就需要离开他,该面对的迟早要面对,不如尽早做个了结。

3. 可以取消的,马上取消。

比如别人邀请你参加活动,你不太想去,那就拒绝他。拒绝只需要几秒,勉强接受后的虚与委蛇、委曲求全却会耗费你大量的时间和心力。

取关你不喜欢的微博博主、微信公众号；书看了一半如果觉得不好看，不想继续看下去，即便它是一本新书，或评价很高的经典，也毫不犹豫地放下它。

该取消的立马取消，把你的心力收回来。该止损的时候就得止损，沉没成本不算成本。相应地，可以开始的要马上开始。

你一直拖延的、想要做的、计划中的事情，你想要去的地方，你想换的工作，你想改变的生活方式，现在就开始执行，迈出第一步，不要给未来留下遗憾。

第二，把大目标分解成若干可操作的小目标。

一件事情成为心里的挂碍，可能是因为那件事情太大，一下子做不完。

我想要成为一个画家——这是一个大目标。今天通宵练画，明天也不会成为一个优秀的画家，所以你要把这个大目标进行分解，分解成一连串可操作的小目标。

举个例子，有很多人想在未来转行，做自己喜欢做的事情，但是能力又不够，光是空想又实现不了目标；去做呢，又觉得遥遥无期，不知道从何开始。一个宏伟的大目标，要如何实现呢？可以按时间顺序把它拆解成几个可操作的小目标：前期，知识储备，查找相关信息，找已经走通成功路径的人，了解需要的技能、知识、资源、资质、各种储备信息；中期，安排时间，学习各种技能，积累人脉，进行尝试，测试能否有收入；后期，准备转行，

第三部分
身心轻盈了，清明的头脑还会远吗？

准备资金，开始合作、工作等。

你会发现，万事皆可分解，而一旦分解成可操作的小目标，再宏大的愿望几乎都能实现。

第三，使用待办事宜软件。

头脑的注意力是很稀缺的，我们记事情要靠系统，不要靠头脑。头脑是当 CPU 去用的，用来精密运算和策划，不能当成硬盘来记录事情。我们要把头脑意识到的待办事项写下来，存到相关工具里，帮助头脑减压，减少心力耗费。

大目标分解成小目标后，变成了很多具体的行动，每个时间段做什么、怎么做，这些行动不要记在你的头脑里，而是用待办事宜软件记录，把它们分散到日程当中去。

我常用的待办事宜软件有 Doit.im 和 SolCalendar，前者是任务管理软件，后者是日历软件。在这里就不赘述了，有兴趣的读者可以自行研究一下。

第四，清理未完结事宜。

事情结束了，影响力并没有结束，这就叫未完结事宜。

1. 那些让你的心态无法平衡的事情，就好像还缺少结尾，没有完成。

有位学员平时工作很忙，疏于照顾家庭。去年，他的父亲突发心梗去世，这事让他措手不及。现在他一想起父亲心里就非常难受，不愿意接受这个事实，责怪自己连父亲生病了都不知道，

减法的奇迹

怪自己没有照顾好父亲，常常想要是以前把父亲接到身边一起生活，或许父亲就不会这么突然地离开了。

人生没有完美，我们总是带着无法弥补的遗憾和最亲近的人相处、分开，这是人类的宿命。父亲突发心梗去世是谁也预料不到的，觉得如果把父亲接到身边照顾就可以避免，只是一厢情愿地从结果来倒推而已。接过来后，也有可能发生其他影响父亲健康的事，或者搬到一起，父亲住得不习惯、不开心，照样会难受，那时有可能又后悔说，早知道就不把他接过来了。

既然事情已经发生，这位学员应该去提醒自己："人生本身就存在着风险和不可预测性，我们竭尽全力地去爱、去守护亲人、爱人，但是也有可能因为各种不可控的情况，无法把他们照顾到最好。感谢父亲让自己明白了生命短暂、人生无常，很内疚自己没能够多陪伴父亲，但是我要带着这个信息，在以后的时间里照顾好自己，照顾好其他的家人，带着弥补的心态给他们更多的爱，或许这也是父亲希望看到的。"如此引导自己接受事情的发生，对心里的内疚和遗憾做一个了结，把心力投放到未来和其他亲人身上。

有些事情貌似已经结束了，但是它的意义、影响并没有结束，它一直在持续耗费我们的心力。

2. 事情虽然在做，但一直拖延，迟迟无法结束。

内在心结的意象完结法

这些事情也需要清理。给这些事情按照对心力的牵扯程度打分，用**内在心结的意象完结法**去完结它。原理就是，**提取这个事件的意义，把整个事件释放掉**。步骤如下：

想象屏幕里播放着令你牵肠挂肚的、没有办法释放掉的某个事件，回看一下当时是怎样的场景，有哪些人、怎样的声音。

举个例子：

你一想起某个人，就觉得很内疚，很伤心。

＊你觉得：我对他很内疚。

＊你问问自己：如果这个事件给自己带来一个意义的话，这个意义会是怎样的一个隐喻？（隐喻就是一种比喻，你不需要分析，只用直觉判断。）

＊你说像一束蓝色的光，像一颗珍珠，像一枚钉子，等等，都可以。

＊想象自己伸出双手捧回这个代表意义的隐喻，向它鞠躬表示尊重，然后吸收在自己的身体里，做个深呼吸。

＊接下来你伸出双手，想象捧着刚才这个你感觉到的在眼前播放的故事，想象其中的一个画面，把它端到自己胸前，想象火焰熊熊地燃烧，把整个屏幕都烧掉，把所有的剧情都烧掉，化成灰烬，想象未完结的人、事、能量都烧掉了。

＊灰烬落在自己潜意识山谷的深处，你对自己说："是的，这

个故事结束了,我选择完结。"

＊然后抬起头看向未来,大踏步往前走。

通过这个方法,你内在那些没有清理掉的心结可以得到释放。

时光列车的冥想法

你可以把纠结、内疚、放不下的事情,想象成一种可以在手里把玩的物件。

比如你想要留下来的记忆、深爱的人,虽然万般舍不得,但是已经失去了;你曾经犯下的错误,虽然追悔莫及但已无法更改,多年来你始终不放过自己、不敢去面对;或者只是你这段时间不怎么美妙的情绪、情感。

用一种外化的方式,想象把你内在的种种纠结放在手里,感觉它们像一颗棋子,或者一个苹果、一把小刀。

然后,你可以想象有两辆方向相反的列车,一辆驶向未来,另一辆开往过去。

把你刚才想象到的那些过去的外化形象,如棋子、苹果、小刀等,无论是否留恋,都放到开往过去的列车上。

你踏上那辆驶向未来的列车,可以隔着车窗,跟开往过去的列车里面的那些旧物、旧人、旧事挥手告别,跟它们说:"一切都应该有结束的时刻,再见了,所有的意义我会留下,但是我选择把这些未完结的情绪、情感,交还、清理。"

想象两列列车启动,各自飞驰,开往过去的列车奔向过去,越过时空之门消失了,时空之门关闭了。

第三部分
身心轻盈了，清明的头脑还会远吗？

你感觉随着乘坐的驶向未来的列车疾驰，你对过去的记忆越来越模糊。

你可以告诉自己："我感谢发生过的一切，我认同所有的经历和结果，但现在我决心踏上崭新、未知的旅程。"

你可以通过这个时光列车的冥想法，让过去的消失在过去，让自己驶向未来，活在当下。

[减法的奇迹]

功课

意象完结法：内在的心结清理

1. 找到那些已经完结，但是成为心结的事件，比如：

- 一直记挂着某人曾经取笑过你。
- 对曾经的某事某人有很强的愤怒或怨恨。
- 对自己某个时刻的行为感觉到羞耻、后悔。

2. 事情已经结束还放不下，是因为你不愿意接受这个结果。用意象完结法进行清理的步骤：

① 闭上眼睛，想象你眼前有一个屏幕，在这个屏幕里回放这个事件，回顾当时的画面，回顾当时自己身体和情绪的感受。

② 看着屏幕中的事件，问自己：如果这个事件能给自己带来什么意义的话，这个意义会是怎样的一个隐喻（比如，蓝色的光，一颗珍珠，一枚钉子……）。

③ 想象自己伸出双手捧回这个意义的隐喻，鞠躬表示尊重，并把这个隐喻吸收在身体里。

④ 伸出双手，捧着这个屏幕，想象屏幕下面就是自

第三部分
身心轻盈了，清明的头脑还会远吗？

己潜意识里的填埋场。

⑤ 想象用清理的火焰燃烧掉整个屏幕，燃烧掉所有的剧情，所有过去的故事化成灰，灰烬落在潜意识山谷深处（就如同垃圾填埋场做的焚烧填埋的工作）。

⑥ 对自己说："是的，这个故事结束了，我接受所发生的事，我接受所有的结果。"

⑦ 抬头看向自己的未来，跨过眼前潜意识里的填埋场，往前走几步，做几个深呼吸。

04
管理你的时间，告别懒惰拖延

⇒ 超级时间管理法

在极简清理法中有一个很重要的内容，那就是时间管理。

时间有几大特性：

第一，不可增减，无论你是贫穷还是富有，无论你是男是女，是老是少，每个人每天的时间都是一样的，都是不多不少的24小时。

第二，不可缺少，你的任何行为，任何娱乐、学习、工作、休息，都需要花时间。

第三，不可存储，今天没事干，想把时间存下来明天用——不可能！它没有办法存储。

第四，不可替代，没有任何东西能够代替时间。

但是，时间是可以被管理的。

第三部分
身心轻盈了，清明的头脑还会远吗？

众所周知，除了天赋和运气，一个人能不能实现自己的人生目标，达成世俗意义上的成功，关键就在于他的精神熵，就是他对自己的能量、心力、时间的分配管理情况。

大部分人的智商相差无几，而能力是可以慢慢培养的，那么最关键就是心力、时间、效率和方法。

时间 × 心力的聚焦度 = 投入量。

格拉德威尔在《异类：不一样的成功启示录》中指出，1万个小时的锤炼是任何人在某一方面从平凡变成世界级大师的必要条件。也就是说，如果你每天工作8小时，每周工作5天，那么成为你所从事的领域的专家至少需要5年。

我倒是觉得可以把"至少需要5年"改成"只需要5年"，只需要5年你就能够成为某方面的世界级大师，你不觉得心动吗？如果你再勤奋一点，有可能4年就可以了，4年就可以让你的生活状态有一个质的改变。这说明，成功是有可循的方法的，其中，时间管理就是一个行之有效的好方法。

人生十项目标：确定自己的人生目标排序

时间有时是我们的朋友，有时是我们的敌人。当我们因为熟悉而开始忽视它的时候，它就会变成我们的敌人，把我们青春岁月的梦想、激情、憧憬、动力全部消磨掉。随着时间的逝去，我们看见的只是镜子里自己慢慢后退的发际线而已。

时间在得到有效的规划和分配之前，就是一把岁月的"杀猪刀"，一刀一刀让你变得老气、萎靡。

[减法的奇迹]

所以，先来看看我们人生的十项目标，制作一个《人生十项目标优先级评分表》。

第一，精神，也就是我们精神层面上的一些追求。

第二，健康。

第三，知识。

第四，修养。修养包括一个人的品格、操守等等。

第五，爱情。

第六，家庭。

第七，朋友。

第八，社会。指你为社会做了多少贡献，产生了多少价值。

第九，事业。包括你在某个行业领域的影响力。

第十，财富。

人生十项目标优先级评分表（示例）

人生十项目标		分数		
		目前	目标	优先级
1	精神	7	9	
2	健康	5	9	3
3	知识	6	8	2
4	修养	7	8	
5	爱情	6	8	
6	家庭	7	8	

第三部分
身心轻盈了，清明的头脑还会远吗？

续表

人生十项目标		分数		
^^	^^	目前	目标	优先级
7	朋友	7	8	
8	社会	3	8	
9	事业	5	9	1
10	财富	4	8	

第一栏，给你自己目前在人生十项目标方面的实现程度打分。比如可能你家庭幸福，但积蓄不多，那就是家庭一栏的分数高些，财富栏的分数低些。根据你自己的情况合理打分。

第二栏，标注你想要在人生十项目标方面达成的实现程度。比如你想要埋头搞事业，不考虑爱情，那么事业的目标分数可能就是 9 分，爱情是 4 分。根据自己的打分标准来填写，然后看看同一个项目目前与目标的分数差是多少。

最后，定下对自己人生目标的投资优先级。想要把人生十项目标一下子都实现是不可能的，要有取舍、有先后。可以先定下来最想提升的某三项，比如说有可能是事业排第一，知识排第二，健康排第三，或者健康排第一，精神排第二，家庭排第三，都可以。

排好了优先级以后，看一看我们每天 24 小时的时间是怎样分配的。接下来做一个《每日时间分配计划表》。

每日时间分配计划表（示例）

项目	时间分配(小时) 目前	时间分配(小时) 计划	
吃饭	2	1.5	
睡觉	8	7.5	
通勤	2	2	同时用来学习
上班	8	8	利用 1 小时收集创业信息
玩手机	2	0.5	
亲子	1	0.5	
学习	0	2	
娱乐	1	0.5	
健身	0	0.5	每周平均
创业计划	0	1	
合计	24	24	

比如，你现在的每日时间分配是：吃饭 2 小时，睡觉 8 小时，通勤 2 小时，上班 8 小时，玩手机 2 小时，亲子时间 1 小时，休闲娱乐放松 1 小时，刚好是 24 小时。

你会发现在这 24 小时里，没有跟你的学习、健康、创业相关的事项，你的时间基本都花在了吃睡玩和通勤上班的例行事务上。这样的时间分配怎么可能改变命运？所以，我们需要重新规划自己的时间。

第三部分
身心轻盈了，清明的头脑还会远吗？

吃饭可能减少为 1.5 小时。

睡觉变成 7.5 小时，每天少睡半小时并不影响什么。

通勤的 2 小时可以同时用来学习，在这期间，可以学一些比较轻松的内容，拓展知识面。

注意，如果想学有深度的内容，就要确保你的交通时间可以完全放松，比如你坐地铁、乘出租车的时候，你不需要操心其他的事情，那么通勤的这 2 小时就可以完全用来学习。但如果是你自己开车，那么这 2 小时的利用率就会很低，只能听一点轻松愉悦不需要思考的内容，因为你还要顾及交通安全。

上班还是 8 小时，一般固定不变。

玩手机的 2 小时减到半小时，也就是我们之前提到的减少手机等智能设备的使用，只在固定的时间抽出半小时快速处理一下手机里的消息。其他的娱乐活动也可以减少半小时。

亲子时间有可能还是 1 小时，但你也可以稍微减少一点，让你的伴侣、父母、保姆帮忙分担一些，这样你又可以省出 20 分钟或者更长的时间。

这样的话，深度学习的时间就可以增加到 2 小时左右（加上通勤利用的 2 小时，固定学习时间变成了 4 小时）。

然后，还需要利用一些碎片时间，考虑一下自己未来的发展方向、人生规划，学一些专业系统的知识，为未来的转型做准备。此外，你还需要每周增加半小时的健身时间，这样的话，你每天投资在自己身上的时间大概多出了 4 小时。

减法的奇迹

根据1万小时定律，这样你大概花10年的时间就会改善自己的人生。如果想要加速这个进程，还可以重新调整自己的时间分配，再从别的地方分出一些时间投资自身。

吞青蛙工作法：确保重要的工作先完成

我们已经明确了人生的方向、想要改变的东西、每天每周每月要做的重要事情，然而，我们很难去挑战和完成那些看上去很麻烦、难度系数很大的重要的事。

有本极其畅销的讲时间管理的书——《吃掉那只青蛙》，书中用丑陋的青蛙来比喻那些对我们来讲重要的事，它让我们感觉很有压力，令我们望而却步，迟迟拖着不想开启，将其他一些无关紧要的小事、杂事、琐事用蝌蚪来比喻。

作者博恩·崔西说，如果你必须要吃掉一只青蛙，就算你一直坐在那里盯着它也无济于事，还不如马上行动，把未来变成现实，一口一口吃掉"丑陋的青蛙"，确保自己每天先完成重要的工作。

如果你每天早起第一件事就是吃掉一只"青蛙"，你会发现这一天就不会有其他更糟糕的事情；如果你必须吃掉两只"青蛙"，那就先吃那只长得更丑的——就是更加棘手的那件事。

要保护自己每天的"青蛙时间"，也就是每天吃一两只就够了。不要让它变成你的负担，要让它在你的能力、精力范围内，这样才能持续、有效地执行。如果你的心力、能力足够，每天也可以吃三只"青蛙"。这些"青蛙"是指你每天需要让自己完成的、跟未来密切相关的、投资在你自己身上的那些重要的事，或者是你日常工作中最关键的事，把它们率先"吃掉"（完成）。

你可以把每天每周每月每季度每年的"青蛙"都挑出来，放在你的时间管理软件中，优先处理。

时间管理的四象限理论：把工作按照重要程度和紧急程度进行划分

著名物理学家史蒂芬·柯维曾提出一个时间管理理论，即把事务按照重要程度和紧急程度进行划分，这样就将事务划分为四个象限：

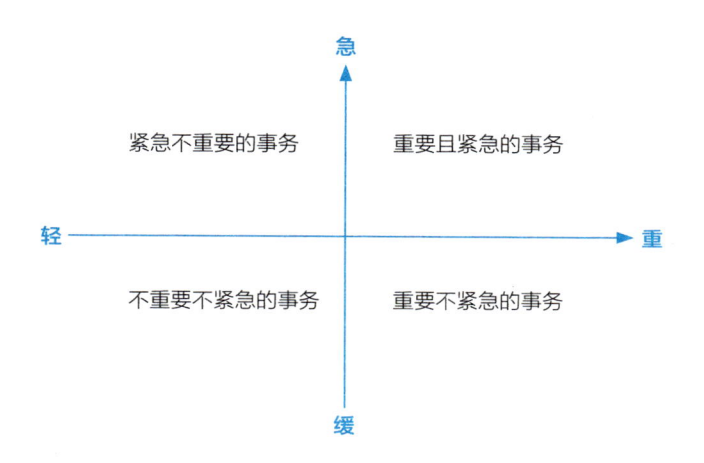

```
                    急
                    ↑
    紧急不重要的事务  |  重要且紧急的事务
                    |
  轻 ————————————————+————————————————→ 重
                    |
    不重要不紧急的事务 |  重要不紧急的事务
                    |
                    ↓
                    缓
```

第一象限：重要且紧急的事务。就是那些你没有办法推掉的重要且紧急的工作，包含时间的紧迫性、影响的重大性。

就像家里着火了，如果拖延就会造成严重后果。

第二象限：紧急但不重要的事务。这类事看起来很紧急，但并不重要，即使不去做，也不会对工作和生活造成太大的影响。

比如，临时来了个客人看望你，你需要去接待；接到电话催你，打麻将三缺一赶紧来；或者饭刚出锅，家人让你趁热吃……

这些事情紧急但并没有多么重要，迫不及待地做这些事情，只会让你耽误重要的工作。

第三象限：不重要也不紧急的事务。

比如发呆、上网、追剧、看电影、购物……这类工作可以最后去处理，甚至可以放弃，等到有空再去做。

第四象限：重要但不紧急的事务。这类工作，如果拖延，将阻碍工作进度。

重要但不紧急的事情，很容易被人忽略，这类事情其实就是我们每天要吞掉的"青蛙"。比如，公司的领导要求你制订今年的销售计划，如果拖延它，就会影响公司各部门的工作进度。

看一下自己的四个象限，时间都是放在哪里的。

令人遗憾的是，大部分人可利用的个人提升时间都集中在"不重要不紧急的事务"这个象限里面，因为在这个象限里面比较轻松、舒服。

创建并严格执行每天的待办事项清单：无所遗漏，无须担心

每天的待办事项清单就是把每天所有的事情都列在这个待办清单里面，然后每天随时随地打开清单看一下就知道接下来该做什么了。

我们要用一些软件来辅助完成这个工作，不是我们的头脑不

第三部分
身心轻盈了,清明的头脑还会远吗?

行,而是我们需要释放心力。

待办事项清单帮助你解放头脑,把所有的事情从你的头脑里清理出去。让你在一天结束躺下睡觉的时候,心无挂碍、睡得舒服;一天开始做事情的时候,也心无挂碍,因为你知道所有的事项都在待办事项清单里安排好了,无所遗漏、无须担心。

我们的头脑的确会忘记很多琐碎的事情,比如汽车何时需要保养,驾驶证哪天需要年检,净水器的滤芯需要更换;或者哪天是哪个朋友的生日,哪天是跟爱人的纪念日……那么多的事情如果都记到你的头脑里,内存、带宽都被占满了,你所剩无几的心力还能做什么呢?

番茄工作法:因为很投入、效率高而越来越喜欢工作

番茄工作法是一种很重要的时间管理方法。对一些工作效率不高的人来说,番茄工作法的核心就是告知他们,有个很重要的任务需要聚精会神、百分之百投入。

番茄钟

[减法的奇迹]

用番茄工作法的时候,基本上选择的都是我们的"青蛙"项目,一般都是设置半小时或者 1 小时,在这个时间段里完全投入,杜绝任何打扰,将手机关机或切换成飞行模式放置一旁,然后告诉身边所有的人:"我现在开始用番茄工作法工作,这 1 小时里面,请任何人都不要来打扰我,不要进我的房间。"这是番茄工作法的环境搭建。

在运用番茄工作法的时间内,你要非常投入、认真,除了一个"番茄钟"和你想要吃的"青蛙",不要想其他任何东西。如果在这半小时或 1 小时的番茄工作法时间里,你没有表现好,那就要给自己惩罚再加钟,思维游走了你就要把它拉回来,再自我惩罚。

番茄工作法的核心理念,就是营造一个注意力聚焦、相对封闭的空间,让我们的工作效率达到最高。

番茄工作法是很容易教给孩子的。孩子平时独立做作业的时候很容易分心,番茄工作法会让他觉得好奇而喜欢,再者番茄钟也增加了孩子做事情的仪式感,最终会帮助孩子形成专注、规律的学习习惯。

当你习惯了番茄工作法以后,你会因为工作时很投入、效率高而越来越喜欢工作,形成良性循环。

掌握时间原则:事情分类,要事优先

首先,你需要学会拒绝,对无意义的事情坚定地说不,拒绝消耗自己。你没有办法取悦所有人,有些相处起来除了消耗时间

第三部分
身心轻盈了，清明的头脑还会远吗？

没有任何趣味、营养的人，你要毫不犹豫地拒绝。

其次，为了节约时间，删除那些可以不做的事情。可做可不做的、不重要的事情就不做，防止兴趣的无限扩大。人有兴趣爱好固然怡情，比如种花、钓鱼、养宠物，但兴趣过多就会消耗时间。

有个1-3-5法则，建议把每天要做的事情控制在9件以内，并按照如下规则安排：

- ✓ 每天1件重要任务
- ✓ 每天3件中等任务
- ✓ 每天5件小型琐事

"1"有可能是一件重要紧急的你不得不去做的事情；"3"就是你的3只青蛙，重要、不紧急的事情；"5"是每天的琐碎事情，比如下班后取快递，给孩子添置一个玩具，等等。

时间的分级和复用

我们要区分什么是黄金时间，什么是泥巴时间。黄金时间做黄金事情，泥巴时间做泥巴事情。

比如，下班后晚上的7点到10点是黄金时间，如果是周末待在家里，上午的10点到12点，下午的2点到四五点，都是黄金时间；而马上要开饭还没吃的这段时间，是泥巴时间，晚上入睡之前，体力、精神都下降的时候，也是泥巴时间。

在你注意力不够、心力比较疲劳的泥巴时间，安排那些偏娱乐性的、不用动脑子的事情。切忌在黄金时间洗碗、看电视、打牌，在泥巴时间学习、工作。

碎片化的时间也需要运用起来。等车的时候、做饭的时候、排队的时候，这些都是可运用的碎片时间，可以去处理一些无关痛痒的琐事，比如浏览商铺的商品，跟老友闲聊，等等。当然，你需要提前把那些事情罗列在待办事宜软件中，这样当你处于碎片时间的时候，就可以翻开软件及时处理。

让资源帮你工作

不擅长的事情找专业人员或专家来做，只做自己擅长的事情。

用钱去换时间，买菜不必去菜市场，手机下单，外卖送达，打扫卫生可以请家政服务员来帮忙。

我们花在通勤上的时间越来越多，因为我们总是为了省钱住在离公司很远的地方。但其实，每个月多花 1000 块钱租离公司近点的房子，每天就可以多出一两个小时用来学习、进修、升级。1 年下来，多花 12 000 元，但收获是成倍的，不仅节约了上下班的体力，还通过学习获得了更好的工作，收入翻番。

如果经济条件允许，就应该花钱请专业的人做专业事务，把你从日常的琐事中解放出来。把省出来的时间一方面用来享受生活，一方面实现自我增值，这样当机会来临时，你就可以一下把握住。

第三部分
身心轻盈了，清明的头脑还会远吗？

⇒ 对抗拖延症：拖延是对惰性的一种纵容

掌握了超级时间管理的方法和技巧，就可以帮我们有效对抗拖延症这个顽疾。

拖延症是当代社会普遍存在的人类重症，最常见的一种场景就是：周一开会，你需要提交一个报告，你明明知道这个报告很重要，但你就是没法沉下心来坐在电脑前去做。周末整整两天，你一会儿玩游戏，一会儿看电视，一会儿抓起手机跟朋友热聊，不知不觉就到了周日晚上的八九点钟。这时你终于着急了，坐在电脑前却一个字都写不出来，等到凌晨家人都睡了，你终于有了一点灵感，也不得不下笔了，开始拼命一直写到凌晨三四点。第二天带着两只红眼睛、黑眼圈和错漏百出的报告去公司。

这还算好的，拖延了以后起码能有所弥补，更多的拖延症患者则是拖着拖着就把事情给拖过期了，不了了之，一事无成。

拖延是对惰性的一种纵容，一旦形成习惯，它会残忍地消磨人的意志，让我们对自己失去信心。

拖延刚开始只是个小问题，等你把事情往后拖了又拖，就会形成一种神经性惯性，变成一个大问题，然后你就开始逃避，不想面对。拖延症的症结就是你已经形成了固定的模式，你目前的状态不足以支撑你改变它。

我的一个做品牌营销培训的朋友，做得非常出色，他的每个

[减法的奇迹]

课程都售价不菲。课程培训之前需要写课件，但他是个重度拖延症患者。

如果确定三个月后要开课，换了我，可能在第一个月就要把所有的课件写完，第二个月就要把课件重新思考、打磨一遍，开课前一周要把自己的状态调整到最好，争取能在课件内容基础上讲出更多延展的内容。

但是我这个朋友因为有拖延症，开始的时候是永远没有办法进入工作状态的，三个月的时间转瞬即逝，直到要开课的前一天晚上，他还在准备课件。幸好他有一个优势，就是压力到达极限的时候可以文思泉涌，通过这种把自己逼到死路上的方法，把创意逼出来，也能完成工作。

这也是非常痛苦的，因为前三个月对他来说也是一种折磨，有一件必须要做但迟迟没有开始的事情悬在心上，心力会不断耗费，到了最后一天，万一有个闪失，体力、心力跟不上，这么庞大的项目就打了水漂了。他也很痛苦，决定让我帮他设法对抗拖延症。

陷入拖延怪圈时的心理活动

第一，除了这件事情，其他什么事情都愿意做。

尤其是我们定下的那些宏伟的目标，涉及诗和远方的波澜壮阔的远景，想起来就觉得很累，先搁置一下，除了这件事，做其他杂七杂八的事情都可以，打扫卫生都比这些学习、进步的事情

第三部分
身心轻盈了，清明的头脑还会远吗？

要好。

第二，要干大事了，要改变自己的人生了，要开始投资自己了，干大事前先娱乐一下吧。

第三，虽然感到惭愧、内疚，但不是还有一点时间嘛，这本书估计一周看完，大不了我最后两天不睡觉把它看完。

第四，拖延到时间全部耗完了，就开始暴走了，忙得要死。

第五，任务可能完不成了，开始焦虑，就算最终勉强完成，也后悔怎么管不好自己，搞得这么疲倦。

拖延的本质是因为没有办法延迟满足，是因为我们需要不断获得简单的愉悦，没有办法忍受精神的投入，没有办法进入心流的状态。

拖延带来的那种逃避，虽然能让我们获得短暂的满足，但也会带来很大的副作用——内疚、自责等种种痛苦。

拖延的其他原因

第一，逃避困难和责任，不愿意接受任务。

第二，如果做不到完美，就宁可不做。这种完美主义情结会导致拖延，总觉得要把所有的细节都想到，规划好再做，结果就是一拖再拖，迟迟不能开始。其实这是害怕失败，是畏难。

第三，掩饰自信心不足。很多人喜欢把事情拖到最后完成，这样即便是在短时内完成了任务，即使结果很糟糕，没有达到最佳水平，也可以安慰自己是时间不够。

第四，缺乏毅力，没有办法坚持。拖延症患者没有办法面对

减法的奇迹

长期艰苦的工作，同时会自我安慰，说："我没有真正地放弃，只是往后搁一搁。"

第五，没有办法自我约束，容易分心。

第六，没有高质量的时间，就做一些杂七杂八的事情让自己变得很忙，避免自己内疚。

第七，认为自己的预期回报和目标太遥远。10年以后才能成功，那今天就算了吧，吃饱喝足追追剧，今朝有酒今朝醉。

当目标太遥远的时候，很多人会松懈，会放弃。因为他没有必胜的信心，所以得过且过，混一天算一天，缺乏动力。

第八，这个是最为关键的——做事的时候没有好的体验。因为人的本能就是逃避痛苦，如果你让自己每天很痛苦地去做重要的事情，就很难坚持。

比如我那个拖延写课件的朋友，其实不是有拖延症，而是不会调整自己的状态。

我问他："理想的工作状态是一种放松、投入、极致、专注的状态，你平时很难进入这种状态，但如果把你所有的后路都断掉，把你压到极限，你是不是就能够非常投入，非常静心，非常有创意地工作了？"

他说："的确，最后一两天就是这个样子，每天工作到凌晨两三点都没有问题。"

我又说："你看，其实你是能够进入理想的工作状态的，但因

第三部分
身心轻盈了，清明的头脑还会远吗？

为你不会管理自己的状态，平时一直在拖延。你如果会管理自己的状态，就可以在3个月前把自己调整到这个状态，这样你就有足够的时间在一个理想的状态里去打磨你的工作了，对吧？"

首先，我把他自认为有拖延症的这种观点，变成了一个他不会进行自我状态调整的问题。然后，我告诉他想象自己在一个很好的状态里面，以及周围是怎样的一种场景。

之后，我让他回去以后把办公空间清理干净，把桌面收拾整洁。得知他喜欢塑像，我就建议他在书架上摆放一个代表自己的信仰的塑像。我还建议他工作的时候，用一盏光线适宜的灯，确保视野当中明亮的地方只有这一块工作环境，其余地方都是相对暗淡的，这样能够帮助他集中注意力。

这样做了一段时间以后，他说效果非常好，现在已经可以按计划工作不拖延了。

如果你理解了人的潜意识心理，就会更容易改变自己或他人。
拖延分期限拖延和个人事务拖延两种
认知科学把拖延分成期限拖延和个人事务拖延两种。我们的大部分拖延都属于期限拖延，比如你有篇论文要写，要写年终总结，月底要做财务报表，答应了在圣诞节前亲手做一个礼物给孩子……这些都是有时间期限的事项。

比期限拖延更严重的是个人事务拖延，通常都是跟自我提升有关的。我们曾经给自己制订过很多的计划、目标：1年内读

100本书，上100节网课，要走遍大江南北，每天要健身1小时……最后都是交给"明天"，然后不了了之。

最麻烦的也是个人事务拖延。因为期限拖延至少还有个"deadline"在掌控着你，无论你上学还是工作，都有个组织、有个人逼迫着你，时不时推进一下。个人事务拖延却没人盯着，但它又是很重要的，因为关系到你未来的发展。假设你在个人事务、自身成长方面三五年没有努力过，三五年内收获的只是回复消息的速度越来越快，表情包越用越顺手，那就很麻烦了——你的精神熵已经变得越来越大。

我们跟随着安逸游走，把时间都浪费在娱乐、休闲中，拖延学习任务，逃避自律，我们的熵值就会越来越大。我们输出能量，增加自己的混乱度，扼杀了自己的决断力。

拖延产生的压力会导致罪恶感，"对任务的恐惧花掉了比执行任务本身更多的时间和精力"。拖延最可怕的地方就是，一旦形成习惯，你将没法改变自己。拖延的人没有办法掌握自己的心力、注意力、决断力，总是被迫面对截止日期，没法做好时间管理，长此以往，就会变得更像是生活的旁观者，更不要妄图改变人生了。

所以，**我们要和精神熵增逆向而行，我们要明白如果失去了自控和自制，我们的人生会被拉扯下滑，我们要不断地降低我们的精神熵。**

精神熵值最小的时候，五大原力最大。五大原力最大的时候，

第三部分
身心轻盈了，清明的头脑还会远吗？

你本身就处在一种极具行动力的状态，你不需要考虑拖延不拖延的问题，因为你已经处在一种投入工作的状态中了。

要降低我们的精神熵值，需要增加能量，增加自控，增加自制。

有时候，你的确会觉得累，觉得消耗能量，因为精神熵要减少，本身是需要吸收能量的。

好的一面是，一个人的状态跃迁到了更高的维度和层次，如同量子跃迁一样（量子跃迁的时候需要吸收光子，吸收能量，跳到一个更高的维度、轨道，在那个轨道相对来讲它更稳定平衡），就更加容易维持在一个更高的维度上，更加容易修复。

⇒ 改变拖延的八大方法

第一，把工作分成小块。

比如你要写一篇毕业论文，如果你把自己的目标定为"写论文"，那就感觉有点累、很难执行。你可以把它拆解成每天的小目标——收集素材、起标题、写目录、写某一章节、修改……这些具体内容会让你觉得很容易操作。

第二，减少其他的选择，要专注。

有本书叫《最重要的事，只有一件》，它倡导的一条原则，就是通过问自己一个问题来开启工作，这个问题就是：**哪一件事情可以让其他事情做起来更简单，那么那件事情就有可能是启动**

你工作的第一步。

  第三，建立专注的环境。

  要远离床、沙发、手机、电视、网络等那些充满诱惑的因素，让自己的工作环境变得简洁、舒服、更容易专注。

  你如果在一个像杂物堆一样的工作环境里，就先去做断舍离的清理。

  如果你家里空间很小，很多人挤在一起，没有单独的地方，那你就寻找一个高效的环境，如图书馆、会议室、自习室。如果环境里有人在安静地看书、学习，就更能帮助你进入投入的状态。

  第四，坚守时间，坚守期限，拒绝借口。

  如果今天你决定要用 1 小时的时间读书、写字或工作等等，那就要坚持做 1 小时。如果没有做到，就必须在下一天补上，或者给自己一定的惩罚。坚守期限，要小心各种各样的借口。可以设定倒计时闹钟，在这期间尽量不要让自己离开那个区域，完全投入其中。完成后可以给自己一定的奖励，激励自己坚持下去，养成习惯后，才不会半途而废，拖延磨蹭。

  第五，未来加压。

  想象你完不成任务，事情没做好，最后失败时，别人对你的惩罚和你对自己的痛恨。

  有位学员曾经问我是否有过拖延的情况，又是如何对待自己的拖延和懒惰的，我的答案就是"未来加压"。

第三部分
身心轻盈了，清明的头脑还会远吗？

比如，我经常需要设计课程、做课件、培训演讲等，每当我无心工作、有拖延倾向的时候，我就会设想准备不充分、课程设计很粗糙的自己，在培训的时候漏洞百出、留下笑柄，失去很多学员的信任，令公司蒙受损失，自己的事业也从此停滞不前……想到这些我就会打个冷战，赶紧打起精神专心投入工作。

第六，身边人的监督。

你可以告诉周围的人，你某段时间内要做一件什么事情，需要他们的监督。

我们有时候会在意对别人的承诺，如果你告诉孩子自己这周要把某件事情做完，你就会觉得自己做不完这件事本身不要紧，但对孩子起到坏的影响的后果比较严重，你就有可能会鞭策自己把事情做完，不再拖延。

第七，用休息和娱乐奖励自己。

当你把该做的事情做完了，制订的目标完成了，你可以奖励自己休息娱乐一下，比如奖励自己去吃一顿奢侈的大餐，看一部很想看的电影，外出游玩，或者睡个懒觉。

其实，马戏团的动物就是这么训练的，狗熊骑三轮车，狮子跳火圈，都是在它们每次做完事情后，给它们吃点东西作为奖励，原理就是把这种痛苦的工作和快乐的事情联结在一起。

人其实也是一样的道理。人不是天生就爱学习的，普雷马克原理说，**如果你在完成一件不喜欢的事情以后，紧接着做了一件**

喜欢的事情，就会削弱你对前面那件事情的不喜欢。简单地说，就是跟训练动物一样，艰苦卓绝的工作完成了，你就奖励自己一下，后面的愉悦感被强化了，你头脑的记忆就会觉得，我做了一件以前觉得比较辛苦的事情，其实最后是很愉悦的，下一次你就能够更加积极主动地去面对。

第八，做良好感知的迁移。

想象你完成了这件事情以后，你会多么开心、自信、充满力量，对自己更加认同，生活得到更多的提升和收获，也奖励了自己很多娱乐活动，然后把这种快乐的感觉迁移到目前的工作状态中来。

在这一方面，我们比人工智能差一些，因为我们还需要去克服自己的负面情绪，但人工智能没有情绪，这也是它最大的竞争力。如果你任由自己随着惰性去拖延，那么恭喜你，你连自己口袋里的手机都拼不赢。所以，我们必须学会管理自己的情绪，掌握自己的状态。

第三部分
身心轻盈了，清明的头脑还会远吗？

功课
来自未来的"BOSS"

想象你来自未来，是二三十年后的自己，那时候的你很成功、春风得意、精力充沛。先感受一下自己在未来的美好状态，感受那时的你的信念、想法。

来自未来的你是现在的你的"BOSS"，他会每天或每周给你分派任务，不论你高不高兴都得执行，因为他才是"BOSS"。

1. 在自己是"BOSS"的状态下，给现在的自己重新设置人生十项目标的优先级和每周每月的目标、行动计划。

- 制订自己的《人生十项目标优先级评分表》，以此确定自己的人生大目标。
- 针对自己的大目标，拆分你每月、每周需要达成的目标，并且制订目标表。
- 为自己的目标制订具体的行动计划，为每周规定3~5件需要重点去做的事情。

2. 有任何的疑问、苦恼，可以向你的"BOSS"汇报。你可以用一张桌子、两只凳子进行模拟。坐在一只凳子上汇报完毕后，换一只凳子，进入"BOSS"的状态，给出指导。

比如：现在的你坐在桌子的一边，对未来的自己这个"BOSS"说："我知道健康很重要，也看了你给的计划，但是我觉得锻炼很辛苦，我也没时间，想请老板您指点。"

然后，坐到桌子另一边的凳子上，进入 30 年后成功的状态，看着 30 年前的自己，告诉自己："锻炼身体只是在最初的第一周会觉得痛苦，很快你就会爱上锻炼后大汗淋漓的感觉，你会发现你的体力、精力大幅度提升，身体也变得轻松了。现在，你要做的只是把第一周的计划执行好，而且这很容易做到。"

3. 找一个或几个可以和你共同制订计划、相互监督的伙伴、死党，组成小队，相互鼓励。

05
活在当下，拥抱正念

按道理讲，人应该越活越智慧越快乐，因为随着年纪的增加，家庭事业俱全，财富增多，地位攀升，应该很滋润才是。但实际上很多人越成长，身心越沉重，快乐的时刻越发短暂而稀少。

儿时的快乐很简单，放了学把书包一扔、往野外一跑，呼朋引伴打水仗、打弹珠，玩什么都觉得很开心。成年后却需要事先规划很长时间，跑到很远的地方旅行，花掉很多钱，才可以短暂地开心一下。

⇒ 人会痛苦的根本原因

佛教认为，世间有八苦，世人都逃不过。

这八苦分别是：生、老、病、死、求不得、怨憎会、爱别离、五阴盛。

生,十月胎狱之苦且不必说,出生之际,挤在狭窄的产道里,冒着死亡的风险来到一个陌生、未知的世界上,这痛苦已非言语可以形容。

老,除了生理机能衰退外,各种病痛纷纷找上门来。相比死,有人更怕老。

病,肉体的病痛是一种折磨,精神的疾病更是令人痛苦。

死,是每个人最大的恐惧。死后,所有的一切对你而言就都消失了,你在这个世间积累再多的东西,死后也带不走,一瞬间也全都不见。就像你辛辛苦苦写文章,写了十万字没存盘,到了最后"啪嚓"一拔电源,什么都没有了。这就是死。

求不得,人生在世想求的名利福寿等求而不得,就产生愁苦、怨恨。只要你有所求,你的欲望越强,你求不得的东西就越多。

怨憎会,就是碰到自己憎恨厌恶的人或事。比如你讨厌溜须拍马、尖酸刻薄的人,偏偏你所在的部门里就有这样的同事;最讨厌别人抽烟,合租却碰到烟鬼。自我的观点越突出,跟他人的界限越鲜明,你的怨憎会就越多。

爱别离,就是你会失去一些你所爱的人。与相亲相爱的人生离或死别,都是苦。你获得的爱越多,别离的苦就越多。

生、老、病、死、求不得、怨憎会、爱别离,这七苦的核心其实是第八苦,五蕴炽盛苦,即五阴盛。

第三部分
身心轻盈了,清明的头脑还会远吗?

五阴即五蕴,五蕴就是色蕴、受蕴、想蕴、行蕴、识蕴。

五蕴告诉我们,痛苦不是从世间而来,而是从我们的内在产生的。所有的事情都要产生一种意义、一种情绪,而这种意义和情绪是通过我们的头脑认知而来,要通过我们的视觉、听觉、感觉、触觉等等去发挥作用。

色、受、想、行、识中的"色"可以理解为物质现象;"受、想、行、识"指精神上的现象,也就是头脑的分析、判断、思考、念头、情绪、情感、欲望。

所以,我们断舍离不光是去打扫卫生,还要清理源头上的苦。要借由物质的清扫过程,来清理内心的物欲、苦执。哪怕你清理不干净,也要尽量减少源头的苦痛。物质跟精神息息相关,物质放不下,那精神上的念头、苦恼肯定也放不下,产生执着则心苦,即便没有任何事情发生,也会痛苦。

很简单,你的生活过得好好的,但只要一想到其他人比你更有钱,你就会苦;就算你已经成为世界首富了,但想到有一天你会死,你就会产生更大的恐惧、更大的苦。这样,你的痛苦是绵延不绝的。

痛苦的源头是这个有意识的"我",因为有了这个小"我"以后,"我"害怕灭失,"我"想要扩张,想要永远存在,所以不断地产生贪、嗔、痴,想要拥有更多、变得更大,催生了人生八苦,进而让"我"更加痛苦。一切烦恼痛苦的核心是有这个小"我",有这个心,有自我的判断,产生了各种各样的分析、判断的念头,

[减法的奇迹]

最终形成了痛苦。

很多人有孩子以后，就产生苦，因为担心孩子会生病、被人贩子拐卖、出意外……念头一起，苦恼就起。

当你喜欢上了一个人，沐浴在爱河里，可能对方的手机一响，你的苦恼就起来了：谁给他发微信，他为什么不给我看？你就生了怀疑之心。

所以，烦恼不是事情带来的，而是脑子里自己升起来的，头脑才是"苦"的主人。

有个朋友失业期间到处找工作，连连碰壁。面试到第十个工作还是被拒了以后，他非常沮丧，觉得自己真没用，太蠢了，没有一家公司雇用自己，真不如死了算了。

不过第二天醒来吃饱喝足，他又打起精神投简历找机会，鼓励自己说可能第十一家就成功了，坚持就是胜利，好事多磨，说不定有一份非常称心的工作正等着自己呢。

你看，发生了什么事情并不重要，头脑当中不同的意义翻滚、演化，才催生你的未来。

我们平常运用头脑产生各种念头去分析、判断，但其实头脑产生的大部分念头是全自动的，头脑并不是完全受"我"控制。头脑如同一架全自动的机器，学习完了以后自己就会运转，在曾经的惯性控制下，自发产生各种各样的念头。

第三部分
身心轻盈了，清明的头脑还会远吗？

头脑是你的秘书，它不受控于你，却天天在给你做决策，想一些稀奇古怪的东西，那你这个老板是不是就被它带跑偏了呢？

正念修行的意义就在于此。

头脑不可控，情绪也是一样，情绪、念头自动自发，导致我们没有办法活在当下。没有正念的时候，就没有办法真正享受生活的快乐。

卡巴金认为，正念是一种觉知力，就是通过**有目的地将注意力集中于当下，不加评判地觉知一个又一个瞬间所呈现的体验，而涌现的一种觉知力。**

当我们把所有的注意力集中在当下的时候，可以看见我们疯狂的头脑秘书在那儿日夜不停地运转，拼命地想一些稀奇古怪、乌烟瘴气的东西。但我们不加任何评判，由此获得一种能力，就是一种超然的能力，我可以意识到我有个傻秘书，成天汇报些稀奇古怪的不重要的东西，但是我也没办法把它开除，所以我会做出区分和取舍，并不会跟随它的报告行动。比如今天头脑秘书汇报说，我看最近雾霾很重，万一得癌症怎么办，会不会早死……你需要去跟随这个信息吗？

⇒ 如何正念修行？

第一，接触当下。

正念的实质就是远离人生八苦的第八苦——五蕴炽盛，远离我们这个问题导向的头脑。

正念就是让我们活在此刻的平和之中，接纳一切的发生和消灭，所以我们需要去接触当下。当下指的是我们在此时此地全然的一种意识，接触当下最好的方式就是去意识到自己的身体。身体没有念头，头脑才有念头。当我们意识到自己的身体、意识到自己的呼吸的时候，我们就会把注意力从头脑中转移出来。

如果你的注意力全都在你头脑产生的那些想法、分析、判断上，你就会掉进五蕴炽盛苦中，从而催生那些求不得、爱别离、怨憎会的痛苦，迷失在想法里面。

我们的头脑极其强大，有很强的惯性，接触当下有利于提升我们对当下有意识地觉察的能力。

呼吸正念

做十次缓慢的深呼吸，让你的肺部完全清空然后又被充满，把你的注意力全部放在肺部排空的感觉和被空气再次充满的过程上。注意膈膜的上升和下降，注意肩膀温柔地升起和下降。

如果这个时候你的头脑里还有念头，看看能不能让它们来来去去，好像汽车路过了你这所房子。呼吸的时候，可以扩展你的觉察力，让你能够注意到自己的呼吸、肺部的清理、肋骨的移动，

第三部分
身心轻盈了，清明的头脑还会远吗？

然后把注意力扩张到你的身体，扩张到你所在的房间，环顾四周，留意你看到了什么、听到了什么、闻到了什么、触到了什么、感觉到了什么。

呼吸正念最大的作用就是让我们和我们的头脑发生脱离，因为我们平时很少去注意我们受潜意识和副交感神经控制的身体，我们很容易掉在自己头脑的故事里面，所以我们要训练我们的注意力，让它到达以前没有去过的地方。

看五样东西，听五样声音，感受五样与你接触的东西

这依旧是一个让你集中精神并与周围环境产生联系的方法。

当你发现自己受困于想法或感受的时候，比如当你停留在一个别人对你不好的想法里很焦虑、很痛苦的时候，停顿一会儿，看看四周，注意五件你能看到的东西。

先运用你的视觉，你可能看到桌子、窗户、外面的树等等，仔细去看，看五样东西。

然后认真听，听五样你能听到的声音，可能是空调的声音、汽车的喇叭声、你自己呼吸的声音，等等。

接着去注意五件跟你的身体有接触的东西，也就是运用你的触觉。比如，戴在你手腕上的手表，贴在腿上的裤子，支撑你的凳子，等等。

同时去做上面的事情，即同时看五样东西、听五样声音、感受五样与你接触的东西，这样就能够把你从头脑的故事里揪出来，这就是正念。

减法的奇迹

做呼吸正念的时候，我们要达到一种观照和抱持。

以用正念平息怒火为例：

吸气，我知道怒火仍然存在。

呼气，我知道怒火是从我的内在产生的，同时我知道正念也是从我内在产生的。

吸气，我知道憎恨是一种痛苦的感受。

呼气，我知道这种感受已经产生，并且会消亡。

吸气，我知道我能够去观照这种感受。

呼气，我能够让这种感受平息下来。

感受就像一位母亲怀抱着哭泣的小孩，把她的关爱传达出来，那个小孩会感觉到母亲的温柔，慢慢地平静。

背后的科学原理是：

第一，我们所有的情绪，无论是痛苦还是欢乐，或其他七情六欲的感受，都是人神经编码里的基本程序。

你会生气、快乐、悲伤、嫉妒、傲慢、贪婪、懒惰、有欲望，是因为这所有的一切早已写在你的基因里，它们本身就存在，所以你能够产生这些情绪。你不可能产生一种不存在于基因序列上的特殊情绪。

我们为什么会有那么多的痛苦？其实是我们内在的心性早就孕育了这一切。所以当你怒火升腾、贪妒涌现的时候，你只需观照它，看到这个程序因为某一个念头被触发了。

同样的事情，不同的人被触发的情感不一样。

第三部分
身心轻盈了，清明的头脑还会远吗？

比如，看见世界首富的排名，有人产生的是愤怒，是仇富心理；有些人触发的是嫉妒，觉得"也没看到这人有什么才能，凭什么他这么富有，肯定是家里有钱啃老得来的"；还有一些人的贪婪被触发，他也想要那么多钱，可能会走一些歪门邪道去取财；也有人可能会觉得自己努力一辈子也到不了别人的起跑线，因而黯然神伤，甚至失去斗志。

同一个事件为什么能够触发不同的情绪、情感呢？因为我们内在的那些心性没有被疗愈，它们都有可能被触发。观照，并不是去治疗自己，而是看到一个情绪升起来，允许它慢慢地降下去。我们没有办法彻底改造我们的基因，但是我们可以不受它的控制，这就是观照和正念。

有位路怒症患者，症状有点严重，只要是前边的车慢腾腾地行驶，或者有的车不按规矩行驶，影响到他，他就会难以控制愤怒的情绪，常常开窗怒骂。甚至有一次，因为一辆车强行变道超车，他路怒症一上来，直接就冲着那辆车撞去，不管自己车上吓得哇哇大哭的年幼的孩子。虽然愤怒平息之后他也知道是自己的情绪没控制好，但当时就是控制不住。

他就是非常需要去增强自己的觉知力的人，因为觉知力增强了以后，他才可以去释放这些负面的情绪。观照到自己的情绪、念头，然后才能跟自己的情绪拉开距离，通过其他的辅助练习，渐渐地不受情绪的控制。

第二，正念修行的关键是要去触及最隐蔽的念头。

除了不好的状态、糟糕的情绪，有更加隐蔽的东西需要被觉察和释放，那就是我们的念头。

头脑是怎样的一种逻辑程序呢？它通过我们的眼、耳、鼻、舌、身、意，自发捕捉信息，然后自动加工合成各种念头，它是不知疲倦、不会停歇的。即便你告诉自己的头脑静下来，头脑也依然会不断地产生各种稀奇古怪的想法。

内观就是观察如其本然的实相，就是通过观察自身来净化身心，从而将苦连根拔除。

将苦连根拔除，才是断舍离"断"的根本，想要快乐就是要离苦（把苦拔除），把苦拔除的根本就是要去观念头，断掉这个念头带来的烦恼。

观念头

首先，将注意力集中在头脑的想法上。

当你去倾听声音，或者是去观外在的世界，或者观呼吸的时候，你会发现头脑里会出现各种各样的想法。要尽量注意头脑里的想法是什么时候出现的，但不需要去分析具体内容。

其次，让想法自然地出现和消失。

当想法来了，允许它来，当它走了，允许它走，不需要去管它。那些念头或想法并不是你，只是大脑呈现出来的一些东西而已。

再次，想象你的想法像电影一样放映。

想象面前有个屏幕，把你的想法投射到屏幕上。你只是静静地观察，看见这个屏幕里播放着你所想象的那些情节、念头、故事。

这样，你就和你的头脑、你的想法拉开了距离，你变成了一个观察者，就不会陷入头脑的故事里。

微笑正念

微笑正念就是在任何时候都保持微笑。

早晨起来的时候微笑，起身的片刻做几个深呼吸，保持微笑，随顺你的呼吸。

闲暇时或坐或站，记住微笑，看到小孩、叶子、墙上的画、车水马龙，遇到开心的、不开心的事情，都提醒自己，安静地吐气吸气三次，保持微笑。

听音乐的时候，保持微笑；吃饭的时候，看到食物之前，保持微笑；当你意识到自己在生气、发怒、嗔恨、嫉妒、傲慢的时候，赶紧做三次深呼吸，保持微笑。

你现在的微笑，不是傻笑，而是觉知以后的行为。

因为你每次都是留意到你在做什么以后，再去微笑，这就是觉知。这就是让你的头脑脱离自动模式的一种选择，这就是降低精神熵。你在生气，但你知道你在生气，这就是正念。

之前我们生气的时候没有觉知，就掉到生气里头了，我们就成为那个"生气"。但是，当你看见自己生气的时候，你是在这个生气之外的，这就是微笑正念的力量。我们需要明白生气这个情绪不是你本身，它只是你当下产生的情绪。谁是行为，谁是主人，这两者要分开。

减法的奇迹

解离

所有的这些生气、苦恼、烦恼等,背后都有个源头,就是头脑。头脑是我观察世界的工具,但头脑不是我,把头脑当成我是绝大部分痛苦的来源。

我们平时容易把头脑和自我混合在一起,陷入想法之中,并允许想法支配我们的行为。解离就是指我们和我们的想法拉开距离,不陷入想法当中,而是看着它们来来去去。

解离是指关注想法,而不是陷入想法。当你有一个想法,就掉进去了,这就叫作陷入想法。关注想法是指我看见我产生了一个想法。

很多人想到一些事情就开始生气,这就是你抓住了一个想法。当你扔给头脑一个想法,它就紧紧抓住了那个想法,开始吞噬这个想法,分析、产生各种各样的念头和情绪。让想法来来去去,是指你意识到你产生了一个想法,你看见了这个想法,但你不分析它。

一位学员向我咨询说,她的丈夫对死亡有很大的焦虑和恐惧。平时丈夫只要身体稍微有些不适,就会非常紧张,认为自己得了什么不治之症,去医院检查,又查不出什么病。医生说是因为他太紧张,与他的心理因素有关。

的确,这位学员的丈夫的焦虑和恐惧都是自己臆想来的。他可以闭上眼睛,做几个深呼吸,退后一步,想象面前有个满是恐

第三部分
身心轻盈了，清明的头脑还会远吗？

惧的自己，观察头脑里害怕死亡的念头。然后做个深呼吸，放任这样的想法飘来飘去，出现又消失，就像天空中聚来散去的云彩一样。

远离我们头脑中疯狂的念头，不让自己被念头带着跑，有一个关键性的模型，就是建立一个观察性的自我。

何谓观察性的自我？

举个例子，我们找到一个消极的自我评判的想法和念头。

我们的头脑里每天都会产生各种各样的想法，假设现在我们在自己纷繁的想法里找到了"我是个失败者"这句话，然后我们会发现：对于消极的自我评价，我们大多数时候，都会以"我"开头来表达，比如"我不会成功，我不够聪明，我是个失败者"。

这种表达方式就是融合，你把"我"跟这个想法融合了。

接下来，我们换一种方式，用新的语句重新阐述这个想法，例如，"我现在有这样的一个想法：我是一个失败者"。

感受一下这两种表达的区别：

第一种是"我是个失败者"，这是一种融合。

第二种是"我现在有这样的一个想法：我是一个失败者"，这是一种解离。

你是否注意到，换了一种表述方式后，你突然就跟想法拉开距离了？这就是"ACT疗法"的创始人设计的一个很简单的正念练习，几乎能够让每个人都从中体会到解离的过程。

减法的奇迹

我们的痛苦在于出现一个想法,我们就跳进去成为那个想法,我们控制不了自己的念头。

如果我们可以控制自己,需要的时候就跟念头融合,不需要的时候就跟念头解离,那我们的人生就会少一些烦恼,多一些快乐。

有时我们需要和念头融合,比如我们想让自己的未来更美好,就要相信"我的未来会很成功"。先想到这个念头,然后跳进去,与这个念头融合,甚至去夸大它、拓展它,这对我们的人生是有益的,不是吗?

第三部分
身心轻盈了，清明的头脑还会远吗？

功课

镜中观照释放法

这个功课需要持续 30 分钟的时间，用来做对自己头脑念头的观照，逐步熟悉和头脑脱离认同、绑定的感觉。

- 准备一个镜子，将手机调整成静音，设置好 30 分钟后的闹钟。
- 在自己的左手背上套一根牛皮筋。
- 面对镜子坐着，看着镜中的自己。
- 观照自己的念头，每当有念头升起，就用右手弹一下左手背的皮筋，让自己扔掉这个念头。
- 任何想法，任何思考，任何图像，任何怀疑、评价、判断，任何认同，任何内在声音，任何旁白、画外音，任何自言自语，全部都要释放。
- 在这半小时里，让自己的头脑彻底消失掉。

这个功课很有挑战性，你需要多练习，以此来增强你的觉知力。

第四部分

告别旧关系负累，
与新的自我相逢

减法的奇迹

＊

　　人们一般会认为"没有朋友"的人会很寂寞，但实际上他们看起来过得自在随心，也有更多时间投入到自己想做的事情上面。人际关系到底是一种资源，还是一种负累？

　　也有人说，人生的烦恼 70% 来自人际关系，精简人际关系便是减少烦恼。那么，剥去如蜘蛛网一样缠绕我们的关系，我们就能遇见真正的自己吗？

01
越深越多的关系，对你的消耗也越大

关系对人来说很重要，一个人无论有了多少金钱、名誉、地位、权力，他所有的一切都需要通过关系来体现。

在所有事物里面，关系最耗费我们的时间和心力。尤其人到了一定的年纪，父母、伴侣、孩子、朋友、同学、客户、社团、同事、宠物等等，都会占用你的时间。除此之外，还会有很多虚拟的关系，比如微信公众号的粉丝、见过面的网友等等。

我们会花很多时间和心力去维持一些不必要的关系，却忽略真正需要维护的关系，因为我们的头脑总是倾向于去获取更多，我们总是觉得需要去拓展自己的交际圈，认识一些新人。

⇒ 关系最消耗心力,但又是必不可少的

我们为何需要关系?

第一,关系能够给我们带来爱和陪伴,比如我们的父母、伴侣。

第二,有时候我们需要倾诉对象,比如闺密、普通朋友、知己等等。

第三,我们需要一些联结、认同,因此有校友会、同乡会、同学会等各种社群。

第四,我们需要人脉、社交、资源。很多人觉得在社会上认识的人多就有面子,所以整天跟人吃喝玩乐,认为这就是人脉,这就是兄弟义气、闺密情谊。

第五,被别人要求的关系。你怕拒绝别人,所以很多人就会占用你的时间。

第六,我们在情感和欲望上的这些需要,让我们被裹挟、绑架,然后又需要更多的亲密关系。

结果就是,你每天忙忙碌碌,在各种人之间周旋,却没什么结果;感觉认识很多人,关键时刻却谁都帮不上忙;身边很多亲近的人围绕,让你感觉心力交瘁。

建立极简人际关系

建立极简人际关系的第一步,就是我们要明白,关系和社交是一种巨大的资源投入和付出,朋友并不是越多越好,应求质不

求量，要反省我们平常的时间是不是很多都浪费在应酬性质的聊天、聚会、饭局当中。

建立一段情感关系之前，先判断你是否需要，对双方有个价值评估，预测这段关系是给你加分，还是消耗你的能量、时间。

你要知道关系是最耗费时间和心力的，一个孩子能耗尽你的一生，一个伴侣可能一天 24 小时都需要应对。如果你给自己增加了太多需要应酬的、需要见面的、需要招呼的、需要关心的外在关系，你就会非常疲累。

普通人的内在决定了他有强烈的需求，想要被看见，想要被认同，想要有安全感。一旦建立关系，则意味着你需要去照顾一个和你一样不完美的人，你想要索取他的关心、爱、承诺、帮助、关注、关照，他也想收获你的这些情感。

所以，关系越深，联结越强，对你的消耗越大。

⇒ 人际关系金字塔

人际关系金字塔分成以下几层。

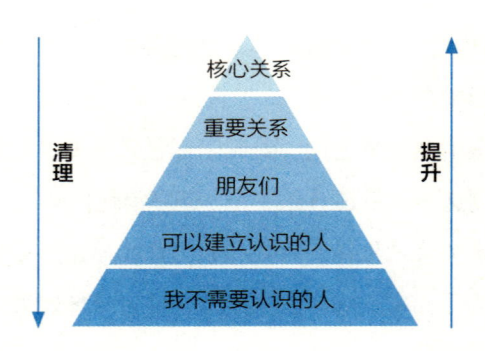

```
        核心关系
       重要关系
      朋友们
     可以建立认识的人
    我不需要认识的人
```
清理 ← / → 提升

最上面那层是核心关系。

核心关系是指父母、伴侣、孩子,还有你的合作伙伴等最重要的资源。这层关系占据我们大部分的时间。

第二层是重要关系。

重要关系是影响你未来的关键人物,你的老板、领导、投资人、合伙人,还有一些是人际关系的引爆点人物,这些都是重要关系。你需要周期性地去维护这些关系。

第三层是朋友们。

可以相互交流,可以一起讨论、玩乐,可以相互支持,你无聊时可以找来打发时间的这些人,就是你的朋友。

第四层是可以建立认识的人。

例如,工作、生活当中,那些和你意气相投、三观相契的人,友好热情而不过度的人(不过度很重要,因为时间有限,注意力有限,如果没有边界感,成天黏着你、缠着你,是很消耗你的)。

最底下一层是你不需要认识的人,这一层其实还包含你需要与其保持距离的人。

需要保持距离的人：情绪吸血鬼，在关系当中过度依赖、渴求、消耗他人的人，负能量人群，价值观太偏颇的人，与你没有共同价值主张的人，对你没有滋养的人。

不需要认识的人：缺乏爱和能量，负能量比较多的人。

⇒ 人际关系的升级和清理

第一，看看你目前的人际关系里，哪些人应该升级，哪些人需要降级清理。

决定你的幸福指数的，通常是你最常联系的、最重要的那七八个人。关系不是越多越好，否则每个人都得不到足够的时间去互动。一般来讲，最重要的无非是你的伴侣、孩子、父母、密友、合作搭档，他们承担了你人生中的爱情、亲情、天伦之乐、友谊陪伴、事业伙伴、人生导师等各种功能和身份。

如果你有几百个好友，对这些好友的重视程度都是一样的，这些人都需要你的认真陪伴和维护，那你每天还有时间做别的事吗？

第二，精简社交媒体关系。

如果你在社交媒体上有很多粉丝，你可以设置固定互动的时间，避免耗费心力、时间地一对一互动，或者直接交给别人去打理。

减法的奇迹

微信里有很多好友，有的你根本不记得是什么时候、在什么场合加上的，有的经年累月地不互动，有的甚至根本就不认识，这些都要精简。

既要保持朋友圈中好友的多样性，也要把那些负面的、刷屏的信息屏蔽掉。

第三，精简你的社交聚会。

聚会非常耗时间，往返交通耗时不说，还有聚会中不可预估的时间占用。有些周期性的聚会和应酬，除了吃饭喝酒聊天，并没有什么有滋养的信息。这些聚会和应酬，都是需要精简或者避免的。

远离闲得无聊的人或事；远离闲人的抱怨；远离没有意义的聚会。避免没事也要一起吃饭闲聊，聚在一起打发时间。

应酬是时间和家庭幸福的杀手。有些行业靠关系吃饭，应酬在所难免，每天要陪不同的人聊天、吃饭、喝酒，以图搞好关系，获得收益。但是付出的代价也很大，酒喝多了，有害身体健康，也消耗了时间，或许还会导致家庭幸福指数严重下降。要减少应酬，你就需要事先评估这个活动需不需要参加，看看通过这次活动能收获什么，有没有有趣的人想要去认识，有没有值得学习的东西，或者那些人是否是你的确需要结交的很重要的人。还可以考虑一下自己如果不去参加，会不会失去什么特别重要的东西；应酬的这段时间是否可以用来做其他更重要的事，以及去应酬会付出怎样的成本。

第四部分
告别旧关系负累，与新的自我相逢

以上这些都是你需要去评估的，这样才能帮你做出正确的选择。精简社交聚会以后，你才可以守住自己内在的中正，内在力量上升了，心性就改变了。你会发现你的影响力并没有削弱，因为人和人是通过能量交流的，而不是通过饭量和酒量交流。

⇒ 强关系和弱关系

美国斯坦福大学教授马克·格兰诺维特发现，在传统社会里面，每个人接触最频繁的人是自己的亲人、朋友、同学、同事，这是一种十分稳定、传播范围有限的社会认知，是一种强关系。

另外一种更为广泛的关系，马克·格兰诺维特把它称为弱关系。他发现，其实与一个人的工作和事业最相关的社会关系并不是强关系，而通常是弱关系。

以找工作为例，数据显示，100个通过关系找到工作的人中，只有16.7%是通过强关系，其余大部分人用到的关系是偶尔见面，甚至一年也见不到一次的弱关系。也就是说，**真正给你带来机会的，往往是弱关系。**

弱关系虽不像强关系那么坚固，却有着低成本、高效能的传播效率。因为在强关系里，这些日常交流的人可能相互是认识的，圈子里信息比较冗余，就导致效率低下；而弱关系触动了不同群组之间的信息流动，传播了个人原本不太可能看到的信息。

[减法的奇迹]

弱关系的本质不是人脉，而是信息的传递。如果你曾经有过创业、从商的经历，你会发现这个过程中大部分用的都是弱关系。靠强关系的则是因为该行业壁垒森严，门槛较高，行业竞争不充分，需要靠强关系来获得机会。

但随着社会逐渐开放，机会越来越平等，弱关系也变得越来越重要。

弱关系：通过超级链接者打开人脉

维护关系最简单的方法，其一是自己拓展关系，其二就是找到一个超级链接者。

超级链接者像往来花间不停采蜜的蜜蜂，他们是资源的平台和连接点，拥有资源的分配权。通过超级链接者，人们之间的关系变成人—社交软件—人的三度空间，交流沟通变得更加便捷。你不需要去拓展100个关系，你只需找到拥有100个关系的一个人，维护这一个关系，你就可以通过他获得弱关系。

因为喜欢帮助别人才成为超级链接者的人，也会愿意帮助你，只要你做人不是太失败，跟他成为朋友总是容易的，那么你维护这一个人也就比较轻松了。

你可以通过一个超级链接者拥有一大堆人脉，在海量人脉里做几次跳转，你就可以找到任何你想找的人。

六度人脉理论：我们无须结识成千上万的人

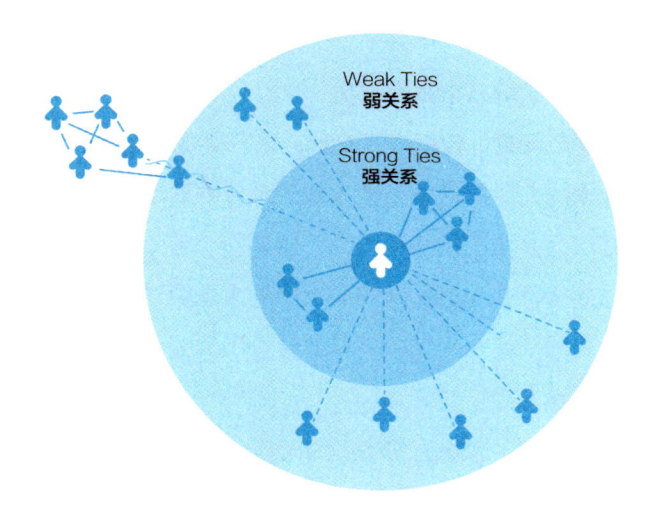

六度人脉理论是指，地球上所有人都可以通过六层以内的熟人链和其他任何人联系起来。也就是说，**你和任何一个陌生人之间所隔的人不会超过6个。**这个理论是1929年一位匈牙利作家在一个短篇故事当中提出的，1967年一位美国社会心理学家设计了一个实验来检验这个理论，证明了"小世界现象"的存在。

这位社会心理学家随机挑选了一批志愿者，要求他们把包裹寄给马萨诸塞州一个素不相识的人，所有发件人只知道这个收件人的姓名、职业和大概的位置，其余信息一概不知。志愿者先将包裹寄给自己朋友当中他觉得最有可能认识收件人或者相关性比较大的人，收到包裹的朋友也如法炮制把包裹寄给自己的一个朋友，以此类推。

尽管最开始的时候，参与者们对包裹能寄到目标收件人手里所抱的希望不大，认为有可能需要投递上百次，但最终发现送达的包裹只经过5~7个中间人而已。这一实验验证了六度人脉理论，说明人脉当中的确有丰富的层次。

根据这个理论，我们拓展人脉，并不需要结识成千上万的人。

《他人的力量》这本书把人际关系分为四个层次，其中最关键的第四层次是真正的连接关系，也叫作"能量补给站"，也就是无论你处于什么状态，这一层次中的人总会对你提供真诚的支持和帮助。

可以理解为：

第一，用正向影响力带动你的人。

跟他在一起，能收获知识与指引。这种能量或智慧补给站类型的人，是你需要的。

你不需要很多与你平行的人或者比你更低的人。

第二，超级链接者。

他有很多人脉和资源。这也是需要你去建立、维护的关系。

第三，你身边最亲近的人。

你发自内心喜欢的、热爱的，想和他们混在一起的那些人。

⇒ 亲密关系也需要极简

如果感情关系很多，甚至同时存在，有太多牵扯，无法平衡，

第四部分
告别旧关系负累，与新的自我相逢

其实你每一段都不能深入、没法享受。陷入对情感的贪婪、嗜求里，只能消耗你，内在的内疚、罪恶感只会撕扯你。

因为越亲密的关系，对一个人的需求、渴望、拉扯、牵引就越多。亲密关系是最奢侈的"娱乐方式"，整个人都要投入进去，一旦有几段关系同时开展，就会对自己造成极大的消耗。你会明白所有的亲密关系都牵扯心力，如同其他关系一样需要极简。

亲密关系如何极简？

首先，你必须深思熟虑后做出选择。

到底想要和谁在一起，你需不需要某段关系，你想不想和某个人有一段关系？如果你有很多亲密关系，你就需要做出选择，剪断多余的关系。

其次，拒绝诱惑。

人在世界上总会被其他人诱惑，因为别人渴求被爱，你自己也会空虚寂寞。如果没有办法拒绝不必要的诱惑，你会被牵扯进一段耗时耗心的关系里，摊上摆脱不了的麻烦。诱惑本质上没有对错，但是一旦你没有拒绝诱惑，而是接受了它，就可能牵扯出很大的麻烦，甚至让你付出更大的代价。

再者，要在心中告别那些旧的关系。

旧的关系就是已经完结的关系，你要在内心中和它告别。

难以放下的东西无非是这几种：对过去的后悔，对亲人的亏欠、愤怒，旧的亲密关系无法完结、依旧牵连。

所有爱情关系的底线都是，当我们无法再在这段关系中成长

减法的奇迹

时，分开的时间就到了，如果已经分开了，那就必须在我们的内心中把这段关系完结、释放掉。

我记得有一次，有个朋友来我们公司玩，他走了以后发信息给我说，他落了个东西在我们办公室，千万要帮他找回来，因为是他的初恋女朋友送给他的。

其实，如果他知道爱情关系需要极简、旧关系需要完结的道理，他就应该明白，现在他已经有婚姻了，把初恋女友送的东西还当成一个很重要的东西保留着是不妥的。这说明在他的内心里，那段关系还没有完结，他内在的能量还在被那段关系拉扯着，因此他没法很好地进入现在的关系，现在的关系就会受到影响。

要明白过去了就是过去了，往前走就好，否则总有一部分能量连接在前任那里，会影响未来家庭、事业、子女等方方面面。

一段没有彻底完结的关系，或者你觉得完结了但实际上内在还依旧有牵扯的关系，会成为你很多行为的原动力。

比如，你想证明之前那个恋人错了，你想让他后悔；你想秀给别人看你过得多么好，以至于失去自己；你对前任依旧怨恨，把恨意投射在其他人身上；你对前任的付出遭到漠视，失去心理平衡；你觉得没有了对方你就活不下去，你还很依恋他，就像个无助的孩子想要去寻找自己的父母一样，苦苦地哀求、等待、期盼复合。

第四部分
告别旧关系负累，与新的自我相逢

所有这些都需要去清理和释放。

真正告别旧关系

解决的方法就是尊重前任。只有承认前一段关系，下一段关系才可能成功。每段关系无论多么短暂，对方都有他的价值，都需要被尊重。我们也需要通过告别旧的关系回到成人的状态。

成人的状态就是：这段关系已经结束了，没有你，我也会活下去，没有我，你也会活下去。

一个女孩为自己的感情困惑了10年：10年前因父母反对，她放弃了原有的恋情，选择和父母介绍的对象谈婚论嫁，结果惨淡收场，领了结婚证后1个月闪离。

她觉得这是自己人生的污点，由于后续几段感情都不顺利，她至今单身，总是埋怨父母，尤其是对母亲当时专程赶来干预她的恋情，导致她不能跟初恋结婚耿耿于怀。怨怼和悔恨交织在她的生活里，令她非常痛苦。

其实，她应该知道，自己是当事人，应该负主要责任，没有跟初恋结婚，更主要的原因是面对母亲的威逼利诱，自己没有坚持。而闪离这件事带来的痛苦，更多的原因是她自己对这件事的理解。她可以告诉自己，这不是一个污点，这是人生中一个很普通的经历而已，很多人都有类似的经历，没什么大不了的。

当然，要真正告别旧关系，她应该感谢这段经历，及时了断旧关系遗留的情绪，无论是对初恋的遗憾，还是对闪离的前夫和

── 减法的奇迹 ──

父母的怨怼。告诉自己，过去的就过去了，与不合适的人及时分开是好事情。通过以往的情感关系，看到了自己的弱点，感谢这段经历，从此以后，互不牵扯，一切都归零，可以开始崭新的旅程了。

如何摆脱"桃花"（尤其是烂"桃花"）的纠缠

有时候，你并没有想要去牵扯很多关系，但总是有些"桃花"牵扯到你。你需要在内心做个关闭的仪式，来帮助你完成两个人之间能量的切割。

内心不做切断的话，面对"桃花"的纠缠，你要保持礼貌，不能过分，也会很烦恼，所以需要在内心做个关闭的仪式。

你可以闭上眼睛，想象你看见他（她），对他（她）表示尊重，你可以说，"谢谢你对我有兴趣，但是很抱歉，我对你没有兴趣，对不起，我决定停止"；然后，你想象把内心的大门关上，把一些你投射在他（她）身上的能量收回来，因为可能你对他（她）还是有些好感，只是不想进一步发展，把这些能量收回来，把他（她）投射在你身上的能量交还回去。

做完这些后，你想象在这份情感能量外面设置了一个防护罩，当他（她）还有更多的感情需求投射过来的时候，这些能量会被这个防护罩挡住，无法进入你的心门。

然后，你可以想象，世界这么大，虽然你不是他（她）的最佳选择，还会有很多绝佳的选择在等着他（她），总有一个人适

第四部分
告别旧关系负累，与新的自我相逢

合他（她），他（她）会被其他的选择吸引，进入更好的未来。

以上就是关闭仪式。

做完这个仪式以后，你面对他（她）要表现得更坚决，不要发出含混的信号。

含混的信号就是，你想拒绝又没有拒绝，半推半就，暧昧不清，给对方还有希望的错觉。你需要清楚地告诉对方，你的心已经不在他（她）身上了，你们回不去了，不会再继续了；或者你对他（她）没有兴趣，你只想跟他（她）做普通朋友，或者根本不需要交往。

你不需要在意对方的失落，如果觉得内疚，你可以告诉自己："我可以保持这种内疚，但我不想延续这种错误的选择。"你要知道，一旦开始了一段关系，就意味着无休无止的烦恼纠缠。你只需要去保留真正属于你的关系，而不要让你的情感变得过于复杂。

功课

人际关系金字塔清理法

- 梳理你的人际关系金字塔，把你所相处的人填入金字塔，如果人数太少，说明你需要扩大自己的交际圈。
- 看看你目前的哪些关系需要减少时间消耗、进行降维清理，哪些关系需要增加投入。
- 看看你还需要在哪个层次中增加人际关系，想想该如何增加。
- 所有的人，在金字塔中的层级位置都可以调整，包括你的伴侣。
- 花最长时间经营你与伴侣、孩子、事业上的贵人的关系。

02

放下对他人认同的渴望，收回自我的力量

渴望得到他人的认同，是一种巨大的内在消耗。

我们经常会考虑别人如何评价我们，担心别人批评、厌恶我们，我们总是渴望他人的认同，想让别人喜欢自己。

我们也教育孩子去获得别人的认同，"你这样做的话，老师就不喜欢你了，同学会讨厌你的，爸爸妈妈就不高兴了"等等，这样的话经常在孩子耳边重复，会让孩子形成一种合群的、渴望受到外界认同和肯定的价值观。

这样长大后的孩子，总是希望得到朋友、同事、上司、老板，甚至陌生人的认同，希望得到伴侣的肯定，甚至需要曾经的恋人来认可自己。

我们的教育是获得认同的教育，是先人后己的教育，先获得别人的认同，我们才会认同自己。孩子成长过程中，家长对其频次最高的教诲就是"不要打扰别人""别人会怎么看你""如果

你……别人就会不喜欢你"，等等，这样一来，外界对孩子的负面观点，造就了孩子最早期的羞耻感。

这样教育下的孩子最终会成长为一个渴望受到外界认同的人，随之带来一系列问题：做事的时候，总需要被允许、被肯定、被确认，否则就六神无主；无法勇往直前，因为需要通过外界的判断、评价来确认自己所做的事情是否正确、是否合乎主流、是否受人认同。

这样的人，需要通过他人的价值观来确认自己的价值观，哪怕他人的价值观并没有什么意义，甚至不可靠。

有一个学员，一直觉得其他人对自己的评价很重要，因此总会考虑自己的所有言行其他人会怎么看、怎么想。她也一直这样要求自己的孩子，总是对她的孩子说："你这样说，别人会怎么评价你，别人会怎么想……"

她非常在意自己的想法和言行会不会让其他人不满意，所以总是揣测和退想。比如，发一条朋友圈动态，没有人点赞，她就会认为自己不受人喜欢了；别人发表不同的观点，她会认为肯定是自己错了，就会把自己发的帖子删了；其他人只点赞，不留言，她会想是不是对方有其他的想法不好意思说……

她也很苦恼，觉得如果按照自己所想，想发什么就发什么，那是不是太不考虑别人的感受，太狂妄了；如果每发一条动态，都要考虑不同人的观点，又很累，觉得心力不够；而如果因为这

第四部分
告别旧关系负累，与新的自我相逢

两个原因，连朋友圈都不能发了，这日子过得也太憋屈了……

你想要通过他人的价值观来确认自己到底做对了没有，就注定是一个错误，注定找不到方向。因为这个世界上不可能有唯一正确的观点，不可能所有人都认同你。如果沉溺于寻找他人的关注、关爱、认同的渴望中，那你的注意力都将在外界。

⇒ 内在不再受外界的是非、价值观操控

观点在外界，注意力也在外界，外人看了你一眼，你立马脑补了一万种他对你的不同看法。我们在头脑里编织大量的故事，都是源于我们希望获得别人的认同，我们觉得别人的观点对我们来说很重要。这看上去没什么不对，传统价值观也是这么倡导的，但我们去寻找别人的认同时，会非常辛苦：

第一，带来大量的内在消耗，自我否定。

第二，头脑里产生大量对对方语言观点的揣测，造成混乱疲累。

第三，倾向于去讨好别人，缺乏自己的立场，无论别人说什么，自己都唯唯诺诺。

第四，会退缩，不敢行动，害怕失败。

这些都是外界对我们的影响和牵制，使我们失去自己的力量。极简清理就是要把外界对我们的影响和牵制一点一点地清

减法的奇迹

理掉。

物品的断舍离是让我们减少物欲，不因为外物的多少、得失而感觉到焦虑、痛苦、不安。

外在的物品清理了，外在的观点、外人对我们的看法，也要做清理，让外在的一切都不再影响我们的内在。

我们的内在不再受外界的是非、价值观操控，这才是真正的极简清理。

我们对他人认同的渴求由来已久，是在人类从个体向集体的生存模式转变的过程中形成的，我们的大脑让我们追求安全、认同、接纳，害怕被群体孤立、排斥。

在人类进化的过程中，逐渐有了村落、部落、氏族，我们知道了个体的力量很微小，只有团结才可以让自己生存下来。因此当我们被集体排斥的时候，被一些主流权威否定的时候，本能让我们意识到不安全，尤其是在幼年的时候，会建立更深层的被孤立、被排斥的不安全感。

这是与生俱来的生存本能，它根植在人类的意识里。如果后期的教育也倡导合群、牺牲个体、尊重权威，我们就更容易被别人的认同牵引。

当你被别人的认同牵引的时候，会有以下六种表现：

第一，特别在意别人对你的评价和看法。

很担心别人会否定你、取笑你，因为那让你感觉羞耻；说话做事的时候，会留意自己给别人留下怎样的印象，在头脑里不停

第四部分
告别旧关系负累，与新的自我相逢

揣测别人会如何反应，自己的言行是否太傻、该如何补救等等；想讨好他人，获得正面的赞扬；容易因为他人的否定而放弃自己的立场，去迎合对方，对别人说的事情一味赞同，甚至根本不考虑其观点到底对不对。

为什么有人的口头禅是"对对对"？因为他下意识地想要获得别人的认同，很害怕表明自己的观点和别人的不一样，甚至相反。这样的人甚至觉得对方应该看见自己的表现，应该给自己认同，因为自己已经够迎合、讨好对方了，如果没有得到认同和赞许，他还会生气、不满。

第二，没有办法拒绝别人。

因为你需要别人的认同、肯定、关爱，你不能让自己承担糟糕的感觉、被拒绝的感觉，你不想让别人失望，很难把拒绝说出口，所以你会很累。

自己只有 5000 元，还能借出去 1 万元的，就是这种人。别人一开口，仿佛自己就必须接受。这种人的自我界限是不清晰的，甚至是没有自我的，别人对他有要求，就好像应该是他自己的事情一样，接受就变成他的责任和义务。

第三，想要尽可能地表现好，想证明给别人看，想把所有光鲜、了不起的细节都表达出来，想获得赞许、惊讶、认同。

这个时候，你的注意力不在自己的内心，而是在外在。你的内心期待一个画面，就是别人很开心，愿意接纳你、表扬你。如果别人没有这种反应，你就会不悦。当看不见驱动你的动力的时

减法的奇迹

候，你追求的目标就有可能产生偏差。

芊芊结婚没多久，就遭遇无性婚姻和家庭暴力，夫妻两人互相伤害，恶性循环，加上和公婆一起住，公婆也经常对她冷言冷语。不久，芊芊就产生了非常大的创伤感，经常暴怒，狂砸东西，不受控制地悲伤哭泣、失眠，整天陷在愤怒和怨恨的情绪里无法自拔，严重影响了正常的生活和工作。她很想离婚，但又怕伤害父母，害怕别人的眼光。因为她的原生家庭很幸福，她从小在人见人羡的优渥家境中成长，怕暴露自己的婚姻状况被他人嘲笑。

芊芊这个情况就非常典型，她就是注意力完全在外，自己的婚姻状况如此恶劣，不思考如何快刀斩乱麻地解决问题，反而想着那些不相干、不重要的外人会怎么看她，自己不如以往光鲜会不会遭人耻笑。

这其实就是一个一目了然的问题，更新一下思维，马上就可以结束在这种恶劣婚姻关系里面挣扎的状态。因为生活是自己的，我们不是活给别人看的。

有可能你真正想要的是简单快乐的生活，但是你在乎别人看你的眼光，把生活过得复杂、不堪。有可能你本来并不热衷于名车、名表、名牌包，但是你总觉得没有这些东西就没有面子，担心别人嘲笑你连奢侈品都没有，所以也都配置上。

还有一种人很想证明别人错了，通过否定别人给自己带来快

第四部分
告别旧关系负累，与新的自我相逢

感，实则想要证明自己最优秀，这种人实际上也是陷在对别人认同的渴望里。

塞多纳释放法认为，人有三个最强烈的核心欲望——想要安全，想要控制，想要被认同，所以被认同的动力的确是很大的。

第四，从众以获得安全感，不愿意和大家不一样。

别人到了一定年龄结婚，我也到了一定年龄就结婚；别人生几个孩子，我就生几个孩子；别人都在买房子，我也买房子；别人看这部电影，我也看这一部；别人去马尔代夫度假，我也去马尔代夫；别人有的，我也要有。不愿与众不同，没有自己的主见，听不见自己内心的声音，只知道追随别人。

第五，害怕出错、被指责，害怕承担责任，不愿自己做决定，把控制权让渡出去。

做决定容易犯错误，拍板的话会承担风险，所以开会的时候、讨论的时候、遇到风险的时候，这些内在没有力量的人会鸦雀无声，不愿意去表达意见。

第六，特别想要去控制、干涉别人的观点和看法，特别想要去帮助和拯救别人。

总觉得别人是有问题的：你怎么能这么大年纪还不结婚呢？你怎么不生孩子呢？你怎么不要二胎呢？你怎么能够从这么好的国企辞职呢？觉得别人不应该有这样的表现和态度，不应该有这样的反应和行为，其实也是一种没有划清自己和别人的界限的行为。

{ 减法的奇迹 }

那种很热心，总想一脚踢开你家大门，闯入你的生活，告诉你怎样生活才对的人，就属于这种人。

前面五种是想把自己融入对方的价值观，而这种是很想把自己的价值观输出给别人，也不管对方是否需要。潜台词其实是：你看，我才是对的，我聪明有智慧，我很重要，我很讨人喜欢，你看看你过得多差劲，你应该像我这样，你应该欣赏我、崇拜我。

这是一种对认同的贪婪和我执，背后还隐藏着嫉妒——不愿意承认别人可以超过自己。

我们为何会被外界、他人的认同牵引？

最核心的原因就是我们混淆了什么是"我"，什么是"我们"，什么是"我的"，什么是"你的"。

比如说，我在讲课，A同学说卢老师讲课讲得真好，B同学说老师讲课挺差劲的。

当然，A同学和B同学持有不同的观点很正常。但这两个观点都不属于我，它们各自属于A、B两位同学，赞同我的观点属于A，批判我的观点属于B，都属于别人，只有我对自己的评价是我的。

但是，我们会混淆概念，外面的负面评价会动摇我们。假如你的评价变成我的，我把它接收并变成自身的一部分，我就会开始对自己进行攻击。

人在幼年时期是通过与外界的互动来形成自己，通过父母的奖惩来明白自己该如何正确地行动。幼儿没有"我"的意识，没

第四部分
告别旧关系负累，与新的自我相逢

有自我的判断，只能通过和环境的互动，来一点一点地建立起这个"我"。

幼年时期，我们别无选择，没有经历人生，没有任何观点，只能通过这种模式让自己在环境中生存。但是这种模式不适用于成年人。

让自己跳脱出这种幼年模式，成为一个真正的成年人，是我们的第二次出生。曾经被外界、他人的眼光、判断、喜好限制了多年的人，将不再由外界的观点左右自己的内在，开始区分什么是"你的"，什么是"我的"，你的观点属于你，跟我没有关系。

此时，真正成年的你的想法应该是：没有任何一种观点是所有人都赞成的，别人称赞或是贬损自己，都是别人的事情，跟自己没有关系。在意别人的观点说明我们没有位于自己的中心，我们偏离自己太远，注意力在外界，内在没有力量，因而觉得自己很差，对自己有很多负面评价，在序位上倾向于认为别人的位置比我们高。

如果你还不能建立以上的想法，那可能是童年时期的你没有得到足够的认同，觉得自己没有资格，认为别人的观点更重要，你需要通过别人的认同和赞扬让自己获得快乐和满足，你对自己的判断、对正确与否的判断，都是通过外界反馈来确定的。

⇒ 我们如何把这种对认同的渴望释放掉？

第一，我们需要明白，我们没有办法取悦所有人，我们不可能让所有人满意，我们也不需要所有人的认同。

真相是，无论你是怎样一个人，都会有人反对你，无论你是什么身份，都会有人不喜欢你。哪怕你当上了世界首富或者娱乐圈巨星，都会有相当比例的人讨厌你，甚至憎恨你。

你需要明白一个事实：无论你是怎样的人，无论你是否讨好别人，总会有人不喜欢你；只有不能给自己足够力量的人，才需要他人的认同。并且，每个人的观点都是基于自己成长的家庭背景、人生经历产生的，各人有各人的意见和看法，你不需要让所有人满意，否则你会被不同意见的能量拉扯到不同的方向，会成为他人意见的牺牲品。

第二，"你的观点属于你，不属于我"。除非你认同，否则所有的观点都不能对你起作用，你不需要去吸收别人的观点。

举个例子，如果有人对你的所作所为很欣赏，你可以说："谢谢你，挺好的。"如果有人对你的言行不喜欢，那也挺好的，别人有权利表达自己的观点，但那并不代表你有问题。

如果有一天，别人在公众场合、在社交平台上否定你、批判你，但是你不为所动，一点也不生气，那你的极简清理就做到位了，因为你已经能够清楚地区分什么是你的，什么是外在的影响。

有人不喜欢你，不是你的问题，你不需要为所有人去改变，

第四部分
告别旧关系负累，与新的自我相逢

不需要在意别人的反对。你应该告诉否定你的人："你有反对的权利，你不喜欢我是你的事，跟我无关。"

第三，不要从众，不要追随大多数。

群体智商一般会低一些，只有组织严密、有趣的群体，生产力才较高，熵值才会比较低。当你跟大多数人一样的时候，要警惕是自己在跟随大多数以获得安全感，还是说这是你深思熟虑后自主选择的结果。

第四，永远不要把你的观点交给对手，永远不要把你的判断交给他人，保持你自己的观点。

每个人都在按照自己的观点描述这个世界、描述他对这个世界的理解，你需要总结自己的体验，建立自己内在的判断和声音。

华语世界深具影响力的个人成长作家张德芬说："外面没有别人，只有你自己。"意思是说，你所有的这些内在牵扯到的东西，都不应该由外在来负责，你不应该去追随外界他人的判断，需要去追随自己内在的智慧和声音。

小程从小到大做什么事情，都先考虑别人的感受和想法，总害怕别人不高兴，宁愿自己吃亏，也不敢反驳别人，虽然事后觉得自己很受伤、委屈，但还是忍不住去取悦别人、迎合别人。她在公司从事营销策划工作之后，经常为了上级、同事的观点，把自己原来的特色创意删除，再加上别人给的杂七杂八的意见，最后往往把策划案改得面目全非。然而事后的效果证明，自己原本的想法其实很有营销力,综合了其他人意见的策划方案却没有什么效果。因此,小程的工作总难有起色,自己也为无法坚守自己的内心而苦恼。

可能是从小的成长模式,导致把判断标准放在他人手里,造成了取悦他人、顺从他人的性格。等想要做自己的时候,却发现很难不为他人的看法而困顿,总会猜测别人在想什么,是不是自己做得不好。就像小程这样,如果不加上同事们给的意见,就怕他们生气,或者自己也不能坚定地认同自己的创意,觉得可能同事们给的意见才是更好的。脑子里会有大量的对话,耗费心力,所以,需要把这种想认同的渴望释放、清理掉,去增加自我与他人之间的界限感。

当然我们可以适当接受建议,但是不要轻易改变内在对自己核心身份的定义,不要为别人对自己的好恶而苦恼。听取意见也要建立在清楚地明白你自己是谁、你的价值观和原则是什么的基础上,这样才能判断外在的意见是否符合自己的需要。否则,会带来大量的内在消耗。没有办法拒绝别人,害怕别人失望,会失去自己的边界。

如果别人给了你一些评价、观点,你又不想接受,怎么办呢?有一个充满魔力的句子:"谢谢你的评论,再见。"

"谢谢你的评论"——我听见了;"再见"——结束了,没有然后。

第四部分
告别旧关系负累，与新的自我相逢

你已经评论完了，但我不需要把它吸收进我的内在让它来影响我，关于我需不需要去修改自身，那是我的事，谢谢你的关心。

这种不接受意见的强硬态度，可能让人觉得很讨厌，但是，我们就是需要"被讨厌的勇气"。

有本书就叫《被讨厌的勇气》，书中介绍了如何在日常复杂琐碎的人际关系里拥有真正的幸福，核心思想来自阿德勒心理学，它认为每一种生活方式都是自己选择的结果。**如果你无法不在意他人的评价，无法不害怕他人的讨厌，不想付出不被认同的代价，就无法贯彻自己的生活方式。**

做任何选择始终要追寻自己的内心，因为生活是自己的。与其迎合他人，倒不如去拥有被讨厌的勇气，让自己活得更有价值。朱利恩·史密斯在其文章《死不妥协完全指南》中，清楚地阐明了这一观点："当人们不喜欢你的时候，实际上什么都不会发生。世界不会终结。你不会感到他们牢牢地压住了你的肩膀。事实上，你越是无视他们，一心做自己的事情，你的生活就越好。"

一个朋友小王，说自己平时还好，但一到上班的时候就精神紧绷，觉得自己难以胜任工作，总怕做不好领导交办的事情而被批评，遇到什么问题，也不太敢求同事帮忙，怕麻烦别人。事实上，她的工作并没有什么难度，但处在这样的精神状态中，每天都感觉很耗费心力。

其实，她就是很在意别人的评价，害怕领导认为她的工作做得不好,害怕麻烦了同事,同事会讨厌她,其根源也就是缺少被别人讨厌的勇气。

别人给我赞美,我就认同自己;别人骂我、批评我,我就降低和削弱自己。所有力量的源头都在外界、外在,只要有一个人不喜欢你的看法、不认同你的观点,你就被拉扯得四分五裂。

现在我们换一种思考方式:别人对我认同,我也觉得自己不错、做得挺好;别人否定我,我不需要去接受,因为我觉得别人的观点是别人的、与我无关,同时我赞美自己内在的坚定,有了内在的力量。

两者相比,哪种对自己的人生幸福更有利,是不是高下立判?

所以,你要告诉自己,告诉你的亲人朋友,告诉你身边的每一个人:我们都要有被讨厌的勇气。

日本作家渡边淳一有本书叫《钝感力》,告诫现代人不要对日常生活太过敏感,"钝感力"是非常必要的。所谓钝感不是迟钝,而是排除周边一切干扰、勇往直前的态度,只有忍耐、包容、专注,才能够做到宽容、从容、淡定。

表面上看,钝感或许有些负面,但从本质上来讲,这是一种有意义的状态。迟钝,是重剑无锋、大巧不工,看上去人反应迟钝,实则拥有很浑厚的力量,这就是我们想要达到的境界。

功课
把别人对你的评价交还回去

- 回想那些让你觉得很受挫的评价和看法,别人鄙夷的表情,对你做的侮辱性动作。

    比如:我觉得你真的很笨。我真的很不喜欢你。你的穿衣品位实在太差劲了。

- 去感觉这个针对你的评价或看法,或那个表情代表的意义,这意义被你身上的哪个位置吸收;去感觉这个评价、看法或表情的形状、大小、颜色。比如,感觉像是在后脑有一堆软乎乎的黑色的东西。

- 想象对面站着的是那个评价你的人,他的身后是他的原生家庭和经历。

    你把这个代表他的观点的东西,用手拿下来,或者用你想象中的手把它拿下来,交还到或者扔回到对方的系统里去。

- 然后说:"谢谢你的分享,不过这是'你的'观点,

[**减法的奇迹**]

来自你的背景,不属于我。"
- 做个深呼吸,对自己说:

 我不需要让这些成为"我"的一部分。

 我选择从我的信念系统里清除这些,这些对我没有好处。

 谢谢这个经历让我更加强大。

 我接受我自己,虽然我并不完美。

 我喜爱我自己,我不需要和别人一样。

第五部分

调至正向频道，吸引丰实未来

※

多数人习惯了跟随身体、情绪、头脑自动产生的状态，但是忽略了一点——身体、情绪、头脑都只是我们的工具，而不是我们的本质。

因此，我们应该调校我们的工具，而不是跟随我们的工具。我们称为"头脑"的东西，是生活中通过五官接收到的印象的混合体。大脑根据接收到的信息，相应地形成一定的倾向。头脑就像一个录音带，把一切都录制进去。无论你是醒着还是睡着，它一直在转动，只管不停地录制、录制。现在的问题是，未经你的允许，它也会播放一些已经录制好的东西，无论你喜欢与否，它只是不停地播放。

而且，我们的头脑倾向于负向思考，给我们带来更多的不快乐。因为我们的头脑本能地聚焦于问题。因此，无论你获得多少，你永远关注的是你还没有的，忽视每天可以欣赏和感恩的。

调频调的是什么？是你的状态，是你的情绪能量。就是自己主动地去调整自己的状态，调整到一个更高的状态。

爱、喜悦、和平，是存在的深层状态，因为它们源自心智之外。

情绪则是二元性心智的一部分，受制于对立法则，也就是有好必有坏。因此，在一个无明的、心智认同的情况下，往往被误称为喜悦的，其实只是痛苦与享乐的交替循环里，短暂的享乐罢了。

  一个人的命运缺乏变化，是因为他从来没有考虑过这些问题，不知道如何驾驭自己的"工具"，也缺乏决定去往哪个方向的勇气，自然也无法付诸行动，只能陷在人生的"安全区"里，今日复昨日，蹉跎了岁月。

01
用怎样的加速度突破人生惯性?

人生殊途,有人最终能成就梦想,有人却日复一日地重复着同样的日子,这就是停滞的惯性。

年少时,我们对未来充满了梦想和勇气,随着时间的流逝,我们开始做重复的工作,有固定的作息和上下班路线,结交同类的社交对象,所有的一切仿佛都固化了,这就是可怕的惯性造成的。

同龄人中有的老得特别快,这种人一般都是心态先老,心态老则面容老,面容老又进一步催化了心态变老。心态老其实是不敢生活,不敢去想象,不敢突破自己的惯性、离开自己的舒适区。

极简清理后的理想心态,不是拥有安全感、到达舒适区,而是要去看见生活、生命的色彩,意识到每一天都弥足珍贵,甚至每天要像人生的最后一天一样去生活。

有本书叫《这辈子,只能这样吗》,作者克利斯汀认为,自

第五部分
调至正向频道，吸引丰实未来

我挫败的习惯，退而求其次的期望，搭配二流的努力，这就是在大多数心态老的人身上所看到的，所以这些人这辈子也只能带着恐惧，而不敢肆意生活。

小崔和她的闺密从中学就一起读书，一起旅行，几乎同时成家立业，30岁出头都有了稳定的事业和家庭，各自的孩子也健康可爱。但有了孩子之后，她们一起做事的机会少了。小崔邀请闺密去国外旅行，对方总是说："太远了，来回好几天，离开孩子我会不习惯的。"考虑到事业发展的需要，小崔约闺密去考研究生，对方又说："等孩子长大一点吧，现在不太有时间。"结果3年不到，小崔考上了在职研究生，实现了升职加薪，身上洋溢着见多识广的自信，而她的闺密还在原来的工作岗位畏葸不前，孩子也并没有带得比小崔的孩子更出色。

"等孩子长大了，我一定……"好像是孩子拖累了你，让你不能实现命运的改变一样，其实这只不过是躲懒畏惧的借口罢了。

还有人说想要改变自己的工作、生活，改变目前的状况，但配偶或者父母不同意。这都是拖延、转移视线的借口。孩子离不开或者配偶、父母不同意不是关键，主要是自己不愿意突破惯性、面对改变。

我们不容易改变，是因为我们先关注行为，先关注能不能看见未来，然后才选择是否相信。

减法的奇迹

有句话说:"大部分人在看见之后才会相信,非常少的人,他们先相信,然后才看见,这些人被称为'领袖'。"

我们不容易改变,因为我们不愿意相信。我们不敢相信那个没有看见的未来,我们不敢相信梦想未来有可能会实现,我们不敢设置自己的愿景,不敢相信命运可以由自己改变。

我们相信的只是过去已经发生的、当下正在发生的、目前已经拥有的,我们被训练得墨守成规,躲在一个固定不变的舒适区里。

马斯洛在《自我实现及其超越》一文中讲过:

- 自我实现意味着充分地、活跃地、无我地体验生活,全身心地献身于某一件事而忘怀一切。
- 面临前进与倒退、成长与安全之间的选择时,要选择成长,而不是选择防御,力争每一次选择都成为成长的选择。
- "要倾听自己生命内在冲动的呼唤",就是让自己的天性、潜能自发地显现出来,使之成为行动的最高法规,而不是倾听父母的教训,以及教会的、长老的,或权威的、传统的声音。
- 要识别哪些是自己的防御心理,并有勇气放弃这种防御,要竭力摆脱"约拿情结"的影响,敢于接受自己的命运、职责。

第五部分
调至正向频道,吸引丰实未来

"约拿"是《圣经·旧约》里面的一个人物。他本身是一个虔诚的犹太先知,一直渴望能够得到神的差遣。神终于给了他一个光荣的任务,去宣布赦免一座本来要被罪行毁灭的城市——尼尼微。约拿却抗拒这个任务,逃跑了,不断躲避着他信仰的神。神的力量到处寻找他,唤醒他,惩戒他,甚至让一条大鱼吞了他。最后,他几经反复和犹疑,终于悔改,完成了他的使命。

"约拿"是指代那些渴望成长又因为某些内在阻碍而害怕成长的人——我们害怕变成在最完美的时刻最完善的条件下,以最大的勇气所能设想成为的样子,但同时我们又对这种可能非常追崇。这种在成功面前的畏惧心理,就是"约拿情结",它反映了一种"对自身伟大之处的恐惧"。

我们已经长大成人了,我们想要真正地活出自己,就要尝试做一些改变和突破。

⇒ 生命都有终点,勇敢活出真正的自我

活着的人很少想到死,生命仿佛是约定俗成的、有规则的,同时又是漫长的,因为生活的节奏如此熟悉,让我们误以为生命就是一种习惯。

惯性束缚着我们,让我们无法成为精彩的自己。很多人从来不思考,不知道其实我们最大的敌人就是时间,因为时间最终会

[减法的奇迹]

消磨一切,消磨所有的可能性,我们首先要去和死亡做朋友。

如果看不见死亡,我们就会误以为活着是理所当然的,我们活着的时候就会想要得到很多,去填补内在的不安全感,随之而来的是更多的焦虑和压力。因为担心失去,想维持现在拥有的财富,而没有勇气去"舍"。不能舍,自然也就不能得,因为我们花了太多的心力在维持固有的东西上。

只有当你发现死亡距离我们很近的时候,你才会悟到,所有的恐惧、担心,通过死亡都可以蒸发掉,所有的执着、贪婪、奢求,通过死亡都可以消除掉。

当你发现每一天都有可能离开这个世界的时候,你才会真正地开始做自己。死亡的可能性和不确定性,让你彻底放下,勇于改变。

乔布斯曾说:"**记住自己将不久于人世,这是我在做出人生重大选择时的一个最重要的参考工具。**因为所有的事情——外界的期望、所有的尊荣、对尴尬和失败的惧怕,在面对死亡的时候,都将烟消云散,只留下真正重要的东西。"我们也需要告诉自己:生命是有终点的。当真正明白死亡随时有可能到来的时候,我们才可以轻装上阵,我们才会放下顾虑、放下不安全感、放下渴求,然后才能够做出改变,才能够真正地活着。

第五部分
调至正向频道，吸引丰实未来

⇒ 突破人生惯性：做自己的倒计时沙漏和遗愿清单

一旦你发现死亡有个确定的时间，一切都会被提上议事日程。

有一部电影《遗愿清单》，讲的就是有一个人得了绝症要死了，得知死期将至的他决定将以前的疯狂构想一一实现，去发现人生的真正意义。这部电影能够帮助我们很好地理解一个人到底应该怎样度过一生。

有一个 APP 叫"Lifetime"，中文名是"数到零：生命倒计时"，是生命倒计时软件。它会让你做一些测试题，评估你的寿命，然后就开始飞快地倒计时。

剩余生命值：72%

距离终结还有
23529.37499 天

请享受剩下的
70588 次吃饭

比如，它显示你剩下的时间是 63 年 9 个月 29 天 33 小时 3 分 49 秒，然后无论你在做什么，打开 APP 就会发现计数器走得飞快。

你每天都可以看看生命中还剩下多少时光，你会发现你拥有的时间是多么有限，无论你在做什么——吃饭、看书、工作、打盹、发呆、犯懒、打游戏、做家务，它都在一丝不苟地减少。

你努力的时候，时间这么走；你偷懒的时候，时间也是这么走；你重复度日的时候，时间还是这么走。

你已经重复度过了几十年的日子，感觉如何？接下来的日子还是要继续这样重复吗？

利用这个软件，评估一下你之前的人生，想想哪些事情和经历是让你满意的，感到快乐的，哪些是想做而没做的，感到遗憾的，目前有哪些没有完结的事情，剩下的日子里渴望去从事哪些事情，最终你想给这个世界留下什么。把清单列出来。

将心中隐藏的渴望具象化、目标化，是非常重要的。如果没有目标，我们就会被世俗的生活拖累，整日无所事事，打发时间都很困难。但是，时间实际上又是如此快速地流逝，你会突然发现几十年弹指一挥间，但是自己什么都没有实现和改变，增加的只是皱纹和体重。

所以，你需要反思自己的人生，发现你的人生惯性，弄明白为什么之前不能做调整，现在可以做哪些调整。

有些人曾经跟你是一样的出发点，比如你的同学、同事，但是后来他们的人生轨迹发生了变化，你可以去拜访和了解他们的生活，听一听他们在面对改变时的选择、背后的原因、之前的担心、勇气和决心的来源等等，深思他们给你的建议。

我们当然可以让自己活在最安全舒适、最没有变化的环境里，这本身不是一种错误。只是我们要想明白，如果我们安于现状不

第五部分
调至正向频道，吸引丰实未来

去改变的话，未来会不会后悔。

⇒ 突破人生惯性：做和过去告别的仪式

如果你决定改变，那就去做一个和过去告别的仪式，脱离惯性，换个活法。

和过去告别是对过去的自己做一个完结，让我们放下悲伤、不堪、愤怒的往事，放下对自己的攻击、不满，让自己有一个新的开始。

这个仪式的关键不是去否定过去的自己，而是去接受过去的自己，同时对未来有一个新的决定。

想象你的面前有一根线，往前是通向未来，往后是通往过去。

面向未来的方向做个深呼吸，然后转身面对过去，想象你看见自己过去的岁月发生的种种，做个深呼吸，告诉自己："我过去做的所有好的事情，我同意；所有不好的事情，我也接受。因为那都是我。这些行为背后的模式、动机，我看见；放下对自我过去的纠结和纠缠，我同意。"

当你看见过去的时候，想想你是否想要改变却没有办法迈出那一步，去看见你内在的懒惰、固执和恐惧，看见这些，你说："是的，这些的确属于我，这一切的痛苦、快乐、代价、经历，我愿意接受，现在我看见了，我的时间是如此宝贵，如果生命是

减法的奇迹

一场游戏，是一个大的游乐场，我愿意全然接受。"

然后你转过身，面向你未来的方向，告诉自己："我决定我自己的未来是怎样的，我对我的未来负百分之百的责任。"想象你看见遥远的未来，你决定自己想要去往哪条路，你决定自己的选择，塑造自己的品质。

做个深呼吸，朝向你未来想去的新的方向，慢慢地迈出几步，无论你迈步的时候是担心，还是恐惧，都没有关系，你可以带着那份担心、恐惧迈出去，慢慢地走到未来，放大那个未来，观想那个未来。当你走到未来的时候，可以再次转身，去看看过去的自己，感谢过去的自己。

你可以重复这个仪式，直到你变得更加熟悉。

菲菲以前的公婆、丈夫做过一些伤害她的事情，导致她至今仍活在一种受害者的模式里。她想放下这种执念，就很适合做这个告别的仪式。

按照这个仪式的程序，菲菲首先看见这件事情，然后后退一步，想象这件事情发生在一个电影场景里。她可以看见这个场景里有自己，有发生过的伤害自己的事情。看见自己（电影里的她）生活在受害者的模式下，她可以问自己："这件事给了我哪些正面的价值和意义？"菲菲想到这件事情教会了自己要学会放下，让她看见自己如果一直处在受害者的模式里，命运就不会发生任何积极的变化，只能让自己长期处于痛苦、停滞的生活状态中。

第五部分
调至正向频道，吸引丰实未来

然后，菲菲尝试去感谢这件事情，想象这件事情给她带来的礼物，在心里接受。接着，菲菲把屏幕缩小推远，也就是不把这件事情放在面前，把它推到最远的地方，告诉自己："这件事情的意义我已经收下了，现在它可以回到它原来该在的地方。"

让自己走到自己想要的方向、目标和位置上，来来回回多做几次，如此这般，我们的身体和神经就会逐渐适应，慢慢放下惯性，因为那条新的道路、新的选择，我们已经演练过无数次了，它变成了一种新的惯性，取代旧的惯性。

调整家具，改善空间能量场，也可以帮助我们改变自己。

环境，即我们通常说的空间能量场，会直接影响人的健康，乃至命运。比如家所处的地方，家里面所放的东西，家具摆设的位置，都会直接影响我们的身心健康，甚至运势能量。

如果我们所处的环境、空间，以及看到的事物都是固定不变的，我们就会掉到惯性里，所以，我们的空间不能产生淤堵。

要让这些空间的动线最舒服，也就是你走动的路线最合理，光线最明亮，干净整洁又舒适。你需要仔细感觉这个房间是否让你足够舒服，把这个房间当成别人的房间，把自己当成一个极简清理的设计师。

首先，在这个空间里感受一下人的坐、卧、站、行都在什么方位，是否需要通过挪动桌、椅、床来调整这些方位。然后，检查那些大宗物件，看上去存在很合理的家具，是否一旦占据了位

减法的奇迹

置就很难挪动、移走。

如果你想让光线更好,却很难更换沙发、跑步机、书桌、厚重的窗帘等,这就是一件很麻烦的事情。

我原来的书房是布窗帘,办公桌上的电脑又插满了线,拉窗帘的时候经常碰到线,很不方便,而且采光也不好。后来我就把那个挺贵的窗帘全部拆掉,换成了我喜欢的百叶窗,把有很多线路的台式电脑也换成了简单便携的笔记本电脑,这样整个书房变得简约明媚,人在其中也舒服多了。

如果你不喜欢,感觉到不舒服,那么再贵重的家具,比如沙发、跑步机、电视机、床,都可以换掉。所有的一切都要以你为中心,将你在家里的感知调整到最好。

你还可以想象,如果这个房间空无一物,需要重新设计装修,你会怎样布置,地板、墙面、门可以换成什么样式的,家具的摆放要变换成怎样的阵型。

调整大宗家具,往往会带来更好的身心清理的效果。

每个房间都让自己在轻断食以后、很放松的身体状态下,去待着、去感受、去做出调整的决定。

更换甚至扔掉物品必然产生浪费,但即便如此我们也要去调整,因为你比沙发、椅子、桌子都重要,把自己住的空间经营得舒服一些,人生才能通过减法提高效率。当你把自己的空间整理

第五部分
调至正向频道，吸引丰实未来

干净以后，还需要给自己布置一个**仪式空间**。

我们平时家里或者工作的场合，只有家居或办公的物品，比如衣服、摆件、茶杯、电脑、书等等。我们缺少一个高能量的外化空间，帮助我们静心、冥想、许愿来提升、清理、调整自己的状态，这个场所就叫仪式空间。

我们可以在家里开辟一小块空间，比如书架上、客厅的角落等相对安静的地方，用水晶、蜡烛、鲜花、精油，或者你觉得能量比较纯净的宝石等去布置，空间不必大，但要美丽干净，与心灵有连接。

仪式空间图例

[**减法的奇迹**]

仪式空间的作用有很多,比如可以做个能量的区隔,帮助你静心。当你心情很烦乱,精神熵很高的时候,就可以在你的仪式空间里静一下心。仪式空间还可以帮助调整个人的运势和房间的场域能量。

有本书叫《刻意练习:如何从新手到大师》,核心理念就是,我们必须逃离舒适区,让自身时刻处在学习区,这样才能获得持续的成长。熟能生巧,重复会形成新的行为习惯。如果想要去做新的自己、改变旧有的惯性,我们就需要坚持运用我们的意志力,反复练习突破惯性的仪式,屡屡挑战新的自我,这样才可以得到跃迁和升华。

功课

设置仪式空间

在家里设置一个供你静心、祈祷、清理和提升状态的仪式空间,空间不必大,可以在房间的角落、书架、书桌上。可以用水晶、蜡烛、鲜花、精油,或者你觉得能量比较纯净的宝石、香去布置,有宗教信仰的可以按照自己的信仰来。

仪式空间的作用:

1. 能量区隔,与平时的状态分开。
2. 发愿。
3. 帮助静心。
4. 调整房间能量场。
5. 调整个人状态。

02
调整频率，
连上幸福的信号

我们的头脑倾向于负向思考，因此，我们每天都需要调整自己的状态，调整我们的情绪能量，这就是调频。

产生于几百万年前的丛林社会的头脑，习惯于负向思考，习惯于去抓取问题分析判断，去操心、焦虑，去感觉到不安全，这样才能让自己有更多生存的可能和繁衍的机会，才可以超过其他物种，站上食物链的顶端。

这种头脑在远古时期对我们的生存发展是有利的，因为如果我们的头脑不是负向思考模式，而是倾向于满足、快乐、无忧的，那就很难意识到危险，也不会筹谋策划、预防风险，就很难生存下来，可能就不会有现在人类胜出其他物种的局面了。

但是，现在的情况大不一样。如今是一个高速发展的文明社会，是一个分工协作的庞大系统，如果我们的头脑依旧保留负向思考模式，还是每天聚焦于问题、不安、隐患，那么无论我们获得、

第五部分
调至正向频道，吸引丰实未来

享受了多少，我们关注的永远是得不到、没得到的那种匮乏、焦虑，对我们而言，并没有多大的好处。所以，我们要通过调频去清理自己的头脑，管理自己的状态，提升生活品质。

⇒ 好状态是吸引力法则的精髓

头脑倾向于负向思考的时候，精神熵会变大，因此我们需要主动调频，降低我们的精神熵。当我们把自己的状态调整好了以后，我们就很容易去吸引和创造我们想要的一切。这就是吸引力法则的精髓。

有个朋友，原来的工作相对轻松，但是收入不高，所以他没有什么热情，在父母的劝说下没有辞职，也只是一直耗着，每天按部就班地把工作做完。后来他发现了一个商机，心中有了一个小目标，也做了招商方案，开始策划创业，但是一直没有找到志同道合的合伙人。他很苦恼。

后来，他知道了吸引力法则，就积极调整自己的工作状态，对新的创业方向表现出强大的愿望和行动力。不仅如此，即便对于当下并不中意的工作他也表现出了热情，每天工作十分积极。不久之后，他在一次访问客户的交谈中，遇到了之后的合伙人，自创事业很快就有声有色地做了起来。

减法的奇迹

吸引志同道合的合伙人其实很简单，首先你自己对这个事业要有很强烈的愿望和行动力，这样和你同频的人才会被你吸引，因为他们发现你的能量很强大，才愿意追随你或者协同你。因此，你必须用自己的意愿、意志调整自己的状态、节奏，降低精神熵，扩大自己内在的心量和吸引力，然后你想要的人或者事物才会被你吸引过来。

很多人不调频，他们跟随固有的环境和节奏，跟随别人的情绪能量，跟随新闻资讯里的情绪能量，任凭外界影响自己。他们跟随自己过去的经验，跟随自己头脑里面的惯性，跟随那些纷繁复杂的念头，对自我认定有着执着的惯性，对自我的不可改变性非常认同。这意味着，如果这些人的过去写入了一些负面的信念、糟粕，那这些信念、糟粕他们就会一直保留。

比如，童年时被小朋友欺负，可能给你造成一个信念：敞开自己和别人沟通有可能是不安全的，所以我需要躲在自己的角落里。

头脑通过建立这种快捷处理路径，让我们避免因长时间的思考延误而受伤害——"一朝被蛇咬，十年怕井绳"，这是神经的一种高效的工作方式，通过删减、扭曲把一个复杂的社会现象、故事，浓缩成一种快捷方式。

但是，当长大成人以后，你已经不会再被小朋友欺负了，不再需要这种信念带来的保护机制了。但这种信念可能会继续存在，

第五部分
调至正向频道，吸引丰实未来

继续对你的人生起作用，甚至会成为你发展的障碍。如果不调频，就是用之前那些自动自发形成的混乱能量来干扰未来的走向。

一个事业有成的朋友，早几年的事业其实挺不顺的，投资的项目大多倒闭，三角债要不回，为了贷款把房子都抵押了。最困难的时候入不敷出，要靠去二手网站卖自己的收藏品给员工发工资，压力非常大。

在遇到现在这个让他"起死回生"的新事业时，很多熟悉他的朋友、家人都劝他不要再尝试，免得再次失败，但他没有被过去失败的经历束缚。他主动调频，提高自己的能量，从失败中汲取经验，而不是被失败吓倒，积极思考如何减少错误，并积极付诸行动，终于打了一个漂亮的翻身仗。

普通人觉得自己过去很失败，所以现在也可能失败，存有失败者的信念和能量，并认为继续失败也是常事。但成功者不一样，他觉得过去形成的信念并不重要，如果这些信念对未来的成功没有帮助就需要改掉，他关心的是现在应该拥有怎样的信念和状态才能够帮助达成未来想要的目标。这就是两种不同的逻辑，看上去后者并没有前者那么顺畅、严密，但是后者是目标导向、未来导向，是我们需要努力的方向。

⇒ 了解心灵的能量层级,提升自我的状态

美国著名精神科医生、心理学家大卫·R.霍金斯写过一本书,叫《心灵的正能量与负能量》,认为人类各种意识层次都有其对应的能量指数,人的身体会随着精神状况的好坏而有强弱起伏,我们不同意识的维度、不同情绪的状态是一种可以测量的能量指数,这种能量指数我们现在叫作频率。

大卫·R.霍金斯认为,人的意识维度由低到高可以分为17个层次,其中,最低的一档是羞愧耻辱,这个意识层次的振动频率是20Hz。再往上是罪恶谴责,振动频率是30Hz。

再往上依次是:

冷漠绝望,50Hz;

忧伤懊悔,75Hz;

恐惧焦虑,100Hz;

渴望欲望,125Hz;

愤怒仇恨,150Hz;

骄傲轻蔑,175Hz。

这是对人有害的负向振动频率,它们会给我们的身体带来压力,削弱我们自身的能量。

很简单的例子:有两个人,一个每天生活在上司的批评、家人的责怪、对未来的担心焦虑中;另一个每天生活在上级的欣赏、家庭的温馨、对未来的期待向往中。你觉得过10年、20年,两

第五部分
调至正向频道,吸引丰实未来

个人的生活状态、身体状态、财富状态会有不同吗?

答案是肯定会。首先接收到情绪频率的就是自己,如果每天浸淫在负向的情绪里,进而产生负向的滤镜,导致看到的世间万物都带着仇恨、懊悔、焦虑、冷漠等负面情感,会把世界上所有的东西都过滤成负面的。

每天在负面状态里的人,身体处在高皮质醇的状态里,会心慌、胸闷、头痛、免疫力下降,情绪也容易怒、躁、忧、紧张、焦虑。外在的表现也会是注意力下降、表达能力下降、记忆力下降、判断力下降……

人的意识维度的正向层级分别是:

第九层,勇气肯定,200Hz;

第八层,忠诚信赖,250Hz;

第七层,希望乐观,310Hz;

第六层,宽容原谅,350Hz;

第五层,理性谅解,400Hz;

第四层,爱与崇敬,500Hz;

第三层,宁静喜悦,540Hz;

第二层,安详平和,600Hz;

第一层,开悟正觉,700~1000Hz。

如果每天是在这些正面的频率中生活,人势必心情愉悦,做事情也很容易成功,也会被周围的人喜欢,好的事情就很容易发生在他的身上。如果正向吸引力很强的话,想要什么好的事情发生，这个事情就会更容易发生。

所以，**快乐和喜悦不是敌人，而是你的最佳助力。**

我们受过很多"吃得苦中苦，方为人上人"的教育，主流价值观宣传的也是要历经沧桑、千磨万击，才可能换来得之不易的成功。没有人能随随便便成功——抱有这个想法的人就到处找苦吃，哪怕成功容易达到，他也要皱起眉头、忍辱负重才会觉得心安。

但是，快乐本身并不会影响你去追求成功，而且我们追求成功的最终目的，不就是为了获得快乐吗？所以，我们需要先把自己调整到快乐、喜悦的状态，无论发生什么，都需要调整频率维持这个状态，这样，我们才能够随时感觉到喜悦、快乐、感恩等正向情绪，才能走向掌握自己命运的正确道路。

只有你的快乐和幸福不附属于任何他人他物的时候，你才是自由的，否则无论你处在何地，你都是自己的囚犯。

我们要去调整自己的频率，使之成为自己所能掌控主导的，这个掌控主导并不是基于过去，而是基于我们未来想要达到怎样的状态。

⇒ 修身才能齐家，每日对自己的状态调频

本书之前已经讲述过很多方法，简单回顾总结如下。

1. 每天吃简单有营养、有品质的有机食物，偏素一点，不宜

第五部分
调至正向频道，吸引丰实未来

吃得过饱。

2. 通过断舍离给自己营造洁净有序的生活空间，把不需要的、混乱的、无处安放的、过时的、过旧的东西通通清理掉。

3. 规律作息，每周适当做一些有氧运动。身体与心灵是一体的，规律的作息能帮助身体及时调整到最佳状态。

4. 减少使用手机、互联网这些令人分心的事物，回收你的心力，防止你的注意力涣散，精神熵增加。

5. 运用你的仪式空间。尤其在工作之前，可以用仪式空间帮助你清理情绪，调整状态。

此外，还可以辅助以动中禅、冥想等增强觉知力，减少本能的情绪发泄，增强你的正念。

除了以上这些方法，我们还可以通过**每天表达和释放我们的喜悦和爱**来对自己的状态调频。

喜悦和爱越被表达、释放，就会变得越多。你可以用言辞、亲吻、触摸、拥抱、礼物表达爱意，这样你的爱会无限增加，你爱的能力也会提升，你会拥有无穷的爱。表达感谢同样如此，感恩也是一种神奇的力量。当我们觉得自己已经拥有得足够多，认为发生的一切都是一种奇迹、一种恩赐时，用这样的心态去思考万事万物，就会把自己调整到喜悦、快乐的正向状态里，也就是调整到大卫·R.霍金斯所讲的正向意识层次的一到四层，你自身的振动频率就会上升。

[减法的奇迹]

一位40多岁的大哥，近两年一直觉得在现在的公司很累，也没有价值感，对自己升职加薪感到无望，但因为年龄等原因一直也没有找到其他合适的工作。厌烦这里的时候想裸辞，找不到其他工作时，又觉得这里至少还可以给发工资，他在这种进退两难的处境中纠结、焦虑、烦闷。

这位大哥的问题其实是很难有明确答案的，的确年龄在职场上是会拖累人的，尤其是在有家庭的情况下，需要考虑自己的经济基础和能力，才华是否足够支撑裸辞或者创业，等等。当自己的经济或者才能储备不够的时候，如果没有其他更好的选项，那就应该感谢现有的这份工作，感谢现在的老板，感谢还有收入，抱着这样的心态，努力在公司里创造更大的价值，积极去为未来做储备。

你觉得你拥有的已经很多了，父母、老师、老板、周边的其他人给你的已经足够多了，你非常感谢他们，这时只可能造成一种新的情况，那就是你会拥有得更多。

感觉到匮乏的人，认为别人欠你的人，只可能发生一种情况，那就是别人欠你的越来越多，你拥有的越来越少。

你越索取，拥有的就越少；你越感恩，拥有的就越多。这很有意思，其实就是吸引力法则。通过你的状态产生吸引，当你处在一种内心丰盈的状态中时，你只可能拥有得更多。

第五部分
调至正向频道，吸引丰实未来

每天的感恩日记

首先，找出三个今天可以感恩的奇迹。

有人可能会说每天起床、上班、下班、吃饭，身边没有发生什么大事。其实，你觉得很棒的事情，都可以称作奇迹。

比如，你吃到了想吃的美食，打车很顺利，这都是奇迹；或者遇到了什么人，跟你分享了什么样的故事，这也是奇迹；又或者是上级给你的表扬或嘉奖，这也是奇迹。训练自己的心性，每天表达对生活的赞美，对发生在身上的美好的事情表达感谢。也就是通过这种方式去训练你的心性，将你的频率状态提升到更高的维度，这是很重要的。

其次，每天除了找出这些奇迹以外，你也要去赞扬、感谢这些人或者事。

你可以当面表扬别人，经常去夸赞别人。有的人倾向于负面批评，觉得好像没有什么值得夸赞，或者夸人会让他害羞，觉得不好意思。这类人尤其需要每天去表扬别人。

比如，当面夸奖朋友今天的穿搭很时尚，同事的报表做得非常漂亮，妈妈做的饭很美味，等等。这些都是日常小事，但是经常练习会产生非凡的效果。

再次，赞美自己。

赞美自己的正向变化，多肯定自己。

"我怎么这么好看？！""我今天没有拖延，真是太棒了！""我今天竟然忍住了，没有乱买东西。""我很美。""我很有内涵。""我是个善良的人。"……可以从各种层面赞美自己。

最后,每天要送祝福的能量给自己和自己爱的人。

感恩日记需要大量的重复和强化,反复练习有助于形成一种新的神经回路记忆,达到《霍金斯能量级表》里喜悦和爱的层级,降低我们的精神熵。

霍金斯能量级表

生命观	水平		能量频率	情绪	生命状态
不可思议	开悟	↑	700~1000	不可说	妙
都一样	和平	↑	600	至喜	平等
好美啊	喜乐	↑	540	清朗	清净
我爱你	爱	↑源	500	敬爱	慈悲
有道理	理智	↑能	400	理解	知止
我错了	宽容	↑&	350	宽恕	修身
我喜欢	主动	↑动	310	乐观	使命感
我不怕	淡定	↑力	250	信任	安全感
我能行	勇气	↑▲	200	肯定	信心
我怕谁	骄傲	↑▼	175	藐视	狂妄
我怨	愤怒	↓压	150	憎恨	抱怨
我要	欲望	↓力	125	渴望	吝啬
我怕	恐惧	↓&	100	焦虑	退缩
好可怕	悲伤	↓抗	75	失望	悲观
好无奈	冷淡	↓拒	50	绝望	自我放弃
没意思	罪恶感	↓	30	自责	自我否定
死了算了	羞愧	↓	20	自闭	自我封闭

第五部分
调至正向频道，吸引丰实未来

感恩是由你的心去创造、去接收的。有人认为没有什么可以感恩的，因为他没有发现可感恩事物的眼睛和心，所以更需要勤加练习，把自己调整到感恩的状态。

现在就过最好的生活

断舍离不是消灭自己的欲望，而是控制自己的欲望，让自己身心平衡，可以过最好的生活。比如说，你可以把曾经舍不得用的、囤积下来的好物拿出来使用、享受。

断舍离也不是不购买、不添置，而是为自己选择最心仪的物品，吃最健康、最优质的食物，这也是过最好的生活。

把身体、情绪都清理干净以后，你觉得特别喜爱的、令你心动的、想要拥有的物品就是心仪的物品，而不是名牌、贵重物品，这个必须辨别清楚。

把你的心性清理干净以后，你仍然可以去选购你最想要的东西来装点你的生活，当然原则还是总量恒定、进一出一。怦然心动的物品，会给你的生活带来更多快乐、美和舒适感，让你过上最好的生活。

用肯定句帮助调频

当你使用肯定句的时候，你可以闭上眼睛，加以视觉化想象和身体的体验。

举个例子，"我喜悦地看见宇宙的财富持续轻松地流向我"，这句话是肯定句，拼命地反复念诵并没有太大作用。它的精髓不是语言，而是语言所引发的情绪感受。所以，你可以闭上眼睛，

[减法的奇迹]

慢慢地念出:"我喜悦地看见宇宙的财富持续轻松地流向我。"你要让这个句子的图像同步呈现在你面前,同时让你的身体去吸收这个句子里的感觉。当你念"我喜悦地看见"这几个字的时候,你的身体应该是喜悦的,这时你可能带着微笑、两手张开,很快乐地去拥抱流向你的财富。

你的语言,你的视觉,你的身体姿势、感受、情绪,是一体的,只有它们同时是正向的,这才叫一个"肯定句"。

肯定句的语言、思想是一种振动,是通往未来的一个入口,核心是帮我们定位自己的状态,调整自己的频率。

用肯定句帮助调频的步骤:

第一,找到需要反转的信念。

觉得自己需要在某个方面有突破、有反转,有某种坏习惯需要克服,就用肯定句。

第二,必须用"我"开头,也就是讲你自己。

第三,用现在时。

不说"我未来会有很多财富",而说"我看见很多财富流向我,我看见我值得拥有财富,我拥有很多成功和快乐",用这样的现在时来表达。

第四,用正向的语言。

"我不想要贫穷,我不想要生病",这是负向的,改成"我拥有健康和财富",就是正向的。

第五,带着感恩和共赢意识。

第五部分
调至正向频道，吸引丰实未来

不伤害自己，更不要伤害他人，千万别想把别人那里的财富、健康、名誉等弄到自己这里来。

第六，念肯定句时，要为自己带来快乐。

比如说，你现在与某人的关系不太好，你想要有段美好的关系，那么你要让自己拥有的信念就是，你值得拥有，或者你正在拥有，或者是好的关系会降临到你身上。你可以告诉自己："我值得拥有最美好的关系，我看见那个最适合我的人正在向我靠近。"

造出自己的肯定句

- 我很快乐，我很值得，宇宙的财富持续轻松地流向我。
- 我是如此幸运，我拥有爱、活力、财富和成功。
- 宇宙中的财富是无限的，我喜悦地接受宇宙带给我的奇迹和财富。
- 我很美丽，我很自信，我内心强大，富有力量。

………

调频有什么作用？

第一，在最好的状态下设置自己的意图。

不同的状态会带出不同的意图，因此，我们需要在自己最好的状态下去设置意图。我们情绪低落、萎靡不振、伤心绝望的时候，是不适合去设置自己的未来愿景的，所以要事先调频到一个好的状态。

有一个很典型的例子，我们公司里一位年轻同事对很多事物

减法的奇迹

都持不信任的态度。对领导交办的任务,他要不就是说:"疯了吧?领导竟然想出这种主意!"要不就是不自信地说:"我能做成这个项目吗?"抱着这样的心理做事,结果就是成绩大打折扣,每个任务都做得不尽如人意。

后来,他用各种方法调整了频率以后,为人处世就处在一种积极的信念中,不遗余力地配合领导和同事的工作,被交办任务后总是信心满满,坚信自己的策划案一定会实现,结果还真是每次都成功。

第二,更新自己的信念过滤器,进而更新自己看世界的视角。

当你内在的情绪状态、频率、能量改变的时候,你看待这个世界的角度就会变。

举个例子,你可以试一下这两种不同的表达:

第一种:我没有办法影响世界,我没有办法改变未来。

第二种:我相信宇宙的奇迹,我每天都在接受发生在我身上的各种奇迹。

感受一下,当你做这两种不同的表达时,是否对世界、未来的信念也是不同的?调整自己的状态,你的信念会随之变化,你对这个世界的观点也会改变。

当你改变了自己的信念过滤器,你就更加容易进入心想事成的状态,能够让自己更有魅力和吸引力,你的人际关系也会随之变化,最终你会处于一种快乐喜悦的境界。这其实也印证了吸引力法则:你关注什么,就会把什么吸引进你的生活。

第五部分
调至正向频道，吸引丰实未来

功课

进入临在状态

进入临在状态，让自己全然地活在当下。

- 第一步：把注意力带到腹部中心，也就是我们肚脐下3寸左右的位置。这是我们身体的中心，将呼吸带到此处。
- 第二步：呼吸，把气吸到胸腔，将注意力扩散到整个身体和周围的环境上。
- 第三步：开始觉知你身体的立体存在，继续扩展你的觉知，延伸到你脚下的空间、头顶的空间、背后的空间、前方的空间、左边和右边的空间。
- 第四步：

① 体验内在的连接感，感受到你的头部、心脏、腹部和双脚。

② 感受与外界的连接，通过双脚感受与地面的连接，通过头顶感受与天空的连接，感受与周围环境的所有连接。

减法的奇迹

- 第五步:想象自己获得越来越多的平静、自信、好奇的感受,并把这些感受扩展到包围你的环境和场域里。

03
相信你不敢相信的，实现自己的愿景

断舍离并不是过捉襟见肘的生活，而是把所有能回收的心力都回收回来，让我们过上内心丰盈的生活。因为在实行断舍离以后，我们会有更多的时间和精力，更少的压力和焦虑，会更加慷慨、自由，会拥有更加高品质的物品，会更少地和别人比较，更少地受制于人，会有更少的不必要关系的牵绊，更多的满足和感恩。也就是我们在不同的维度都清理了自己。

⇒ 自我的维度

自我的维度分成若干层。

[减法的奇迹]

五蕴、六根、六尘

空性　　EGO　　　　　我　　　　SOUL　　　三摩地
无我　　　　　　　　　　　　　　　　　　　意识
没有谁

　　　　　怀疑、退缩、阻断　要求、祈祷、相信、
　　　为了谁　　　　　　　　连接
　　　　　　　　　业力轮回　消业解脱　　高我层：高我、宇宙、合一、使命
　　　我是谁
　　　　　　抗拒、追随　　放下、加持　　业力层：业力、灵魂、身份
　　　我和谁
　　　　　　　　　　　　　　　　　　　场域层：集体意识、场域、教练容器
　　　　　　　　　　　　　　　　　　　　　　　　　　　　　　　超个人意识
　　　　　　限制、单一　灵活、不同　　　　　　　　　　　　　　个人意识
　　　价值观、信念　　　视角
　　　　　　　　　　　　　　　　　头脑层：认知、想法、信念、感受、策略、
　　　　　　卡住、缩小　打开、扩大　　　　价值观、语言

　　　能力适配　　　　　　　　　　　　能量层：气、脉轮、能量、静心、频率、
　　　　　　　固着　　松动　　　　　　　　　生物能、能力、情绪

　　　行动创造　　　　　　　　　　　　物质层：脑神经、物质世界、生化程序、
　　　　　　　　　　　　　　　　　　　　　　肽、身体、环境、行动

　　　　　　　　　　　　　　　　　　　代码层：围产期、人格阴影、基因、
　　　　　　　　　　　　　　　　　　　　　　原始欲望
　　　　　　　　　　　　　　　　原型意识

自我的维度

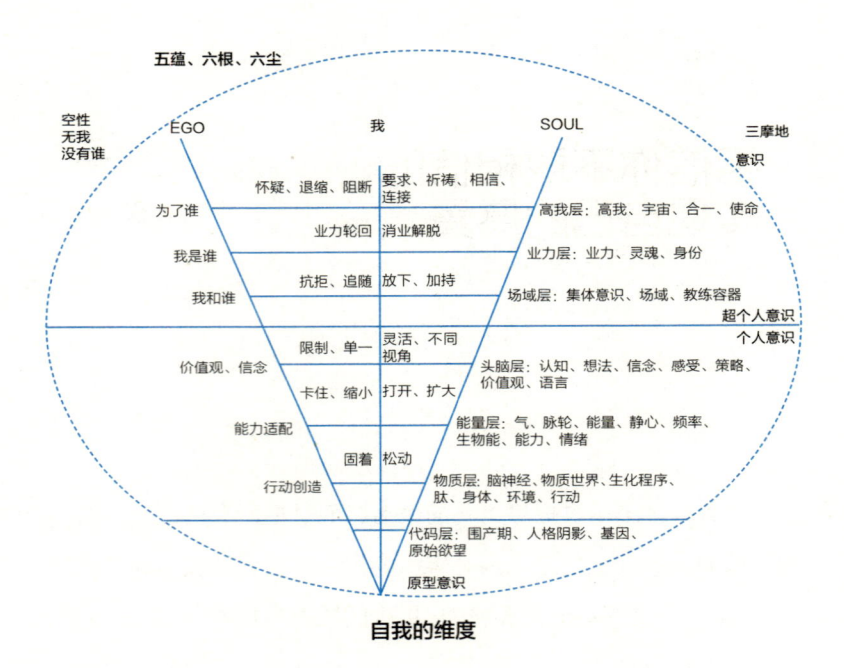

第一层是代码层。

代码层里面有我们最原始的基因，即最原始的欲望和意识。

第二层是物质层。

物质层指我们的脑神经、我们的身体、我们的环境等等。

第三层是能量层。

能量层指我们的脉轮、频率、情绪状态等等。

第四层是头脑层。

头脑层指我们的认知、想法、信念等等。

第五层是场域层。

第五部分
调至正向频道，吸引丰实未来

场域层包含了我们的集体意识、我们设置的仪式空间等。

再往上是业力层和高我层。

业力层和高我层，包含了业力、灵魂、身份、高我、使命等。

断舍离的清理有很多聚集在我们的物质层，比如清理我们外在的环境、我们身体的轻断食等；一些静心、冥想的练习都是在能量层；在头脑层，我们通过认知和想法的改变、价值观的改变，去做清理和调整；我们设置的仪式空间属于场域层。

通过这些维度层的清理，我们进一步减少在代码层的那种原始欲望的堆积。越清理上面这些层面，代码层就越干净，又反过来影响到其他层级，伴随而来的就是意志力、注意力、心力的上升，精神熵的降低，我们就更容易实现自己的目标。

实现目标除了需要行动、设定目标、努力，还需要动用精神的力量，所以我们要有自己的愿景：

首先是关于自我的愿景。

其次是关于自我目标的愿景。

自我目标的愿景就是你想成为怎样的人，如何定义自己的形象和身份，也就是为了梦想努力，使自己强大、清晰、专注的意愿，让这个意愿来整合意识和潜能，整合宇宙中的所有资源。

有人很苦恼地对我说，他发现自己无法保持长久的热情。

比如工作方面，喜欢鲜花就开了花店，热衷旅游就任职于旅游公司，在行业里面做得还不错，但是一般三五年就厌倦了，想换其他的工作。如果逼着自己坚持，失去了热情的自己，感觉就像陷在泥潭里面，每天浑浑噩噩、郁闷烦躁。

没法对工作保持长久的喜爱，其实就是缺乏自我目标的愿景。他可以问自己到底喜欢从事什么，而做这件事情又是想要为这个世界、为其他人带来些什么，自己最终想成为一个怎样的人。也就是搞清楚自己的使命，明晰自己的愿景，找到这种更高层的价值观、使命、意义，才会有灯塔一样的信念在远方照耀、牵引我们。

在自我的愿景里，首先是关于"我"的定义——我是谁，我是一个怎样的人；其次是除了自己的身份以外，我和这个社会、这个世界的关系——我能够给别人带来什么。

举个例子，你可以给这个世界带来快乐、知识、温暖，给他人带来创业方面的指导，这些都是关于自我的愿景。

当拥有了自我的愿景以后，因为它比较书面化、比较抽象，你可以把它变成一个具体的形象，给自己愿景中的身份形象设定一个隐喻。值得注意的是，你对自我发展层级的愿景、未来生活状态的愿景，不是按照你现在能不能做到去判断的，而是按照你想要达到的那种状态去判断。

如何形容自己未来的角色？如果你对自己的身份定位是一个快乐的分享者，可以给别人带来快乐、温暖、支持、陪伴，那么你给自己的这种身份形象的隐喻可能是一个小太阳，你也可以用一幅图像来表达自己，让隐喻更加视觉化。

我们可以**制作一幅关于自我身份的愿景图**，上面可以有你开心、快乐的照片，有你对自己的定义——"我是一个快乐的分享者，我给别人带来快乐、温暖、支持和陪伴"，然后有一个隐喻，即一个很明亮的太阳。

做这个图可以是手绘，也可以选择自己的照片进行拼贴，或者直接从网上下载一些好看的图片，重点在于你每天能够看见它，并产生对自己的正向拉动。

⇒ 设置自己的人生愿景板

愿景图是关于我们自己是一个怎样的人，人生愿景板是我们的意念、目标的一种表达。

制作方法与愿景图一样，没有什么格式的限制。

我们为什么要用图像形式呢？因为文字是大脑后期才发展出的一种功能，但是视觉，包括情绪、情绪脑这部分1亿多年前就产生了，更加本能，更接近能量本身，我们用这种代表潜意识的图像，来表达我们的人生愿景。

给人生的每一个愿景做一张图板。人生有财富、知识、健康、关系等很多方面，把我们发愿的愿力和能量集中于某一个目标，比如说你想要一个美满的家庭或者婚姻，做一张愿景板；你想要成功的事业，另做一张图板；你想要心灵成长到某个境界，再做

| 减法的奇迹 |

一张；以此类推。

给自己设定具体的目标，比如今年要拥有多少财富、多大的房子、怎样的人际关系、销售额要达到几百万等等。更好的是一种生活状态，比如说你想要一种快乐无忧的生活，有一个情投意合的人生伴侣。

这些目标是你相信可以达到的，如果你自己都不相信可以达到，你就需要回到上一步，先调整频率、提升你个人的状态，然后再来设置目标。

愿景板里必须有你自己。为了达到真实的效果，最好用自己的照片，把自己的照片放在向往的场景图片里。

有个人想要像他的偶像一样，自信、自如地做演讲，于是就把自己的照片贴在了偶像在讲堂里演讲的照片里，产生一种逼真的效果，来帮助自己做视觉化和能量增强，激发自己的潜能。

比如你的愿景是环球旅行，那你就把自己放在世界各地的美景照片里；你想成为畅销书作家、企业家等，你可以把自己置于签名售书的现场或者新品发布会的舞台上……总之，尽可能地把自己放在一个真实的背景中。

愿景板的图可以运用很多鲜艳的色彩，因为颜色也可以增加潜意识的冲击力。愿景板要是很鲜艳靓丽，就更加能激励你。一些鼓舞的语言、人生箴言、自我宣言、自我的正向肯定句也可以写在上面。

愿景板可以放在你的仪式空间，增加一些能量的辅助。

第五部分
调至正向频道，吸引丰实未来

如何使用愿景板

每天起床时或睡觉前，去看愿景板，观想你的愿望、目标已经实现，想象你的目标实现的时候是怎样的场景，记得带上那些视觉图像和身体的美好感受。

在仪式空间使用愿景板，可以帮助你增强愿景的力量。

当你做观想的时候，找到那个图像和身体的感觉，你可以告诉自己："虽然我不清楚宇宙是如何实现我的愿景的，但是我已经在实现愿景的道路上了。"之后你还可以增加一些自己需要的肯定句。

愿景的力量非常强大，就像远方的灯塔引领着你，防止你被惯性拉扯，走向追求欲望来获得快乐的歧途。真正的快乐源于我们成为自己想要成为的人，**短期行为和长期价值相符，才能带领我们走向真正的幸福快乐。**

当然，我们拥有愿景后，也不能太执着于愿景，否则会催生新的欲望与执着。

对待我们的愿景，一方面我们要充满热爱和感恩，努力去实现它，另一方面我们也要愿意随顺这个宇宙，顺其自然。我们朝着这个大方向奔去，但并不纠结于细节。我们会有具体的要实现的目标，也允许命运随机安排。

当你能够降低自己的精神熵，提升自己的情绪维度的振动频率，让自己那些最底层的、不必要的欲望达到最少时，你自己有组织的、更高维度的、更高意识的目标和愿景就能够变得更加顺遂，生活中也会充满快乐、喜悦与平和。

　　人生之路漫漫，长远的功课需要反复地践行，量变引起质变，才能让我们逐渐掌控自己的命运，改变自己的同时，影响外在环境转变，锚定一个全新的自己，最终拥有丰实的人生。

第五部分
调至正向频道，吸引丰实未来

功课

种下你自己的人生愿景

- 舒适地坐着或躺着，闭上眼睛，深长、缓慢、自然地呼吸，不断放松。
- 想象某个你渴望出现的事物：某种生活方式、一段关系、财富、地位、家庭、健康、社会贡献、成就、知识等等。
- 想象它已经发生了，去观想这个场景的细节，想象场景里有怎样的人、画面和声音，有怎样快乐的情绪；想象这个时候，你会如何定义自己，别人会如何和你互动。
- 将你的梦想塞进用意识和光形成的种子里，带着快乐和感恩，将种子释放掉，想象梦想的种子被种在了潜意识的最深处。种子会用它自己的方法去吸引和聚集那些促成它实现的能量。
- 告诉自己："虽然我不清楚宇宙是如何实现我的愿景的，但是我已经在实现愿景的道路上了。"

减法的奇迹

去观想好的事情正在运作和发生。
- 去看着这个意愿的种子在潜意识中被吸收，生长，带来美好的光和希望。